王明贤主编

建筑界丛书 第二辑

应力 OPEN ReAction

李虎+黄文菁 Li Hu + Huang Wenjing

中国建筑工业出版社

李虎

OPEN建筑事务所创始合伙人，曾任Studio-X哥伦比亚大学北京建筑中心负责人，美国 Steven Holl Architects（斯蒂文·霍尔建筑事务所）合伙人。1996年取得清华大学建筑学学士学位，1998年取得美国莱斯大学建筑学硕士学位。

黄文菁

OPEN建筑事务所创始合伙人。美国纽约州注册建筑师，美国建筑师协会会员。1996年取得清华大学建筑学学士学位，1999年取得美国普林斯顿大学建筑学硕士学位。独立实践之前，黄文菁曾任纽约Pei Cobb Freed & Partners Architects（原贝聿铭建筑师事务所）资深设计师。

谨以此书献给我们的父母和孩子，他们让我们以真诚和童心去应对这个复杂的世界。

丛书序

世界多极化、经济全球化的总体格局中，中国在发展模式、发展内容、发展任务等方面发生了一系列的变化，中国城市也发生了极其巨大的变化，出现了从未有过的城市与建筑新景观。一批青年建筑师敏锐地意识到一个不同的建筑时代正在开始，抓住当代建筑的新精神，提出建筑实验的主张并付诸行动。他们的工作重心由纯概念转移到概念与建造关系上，并开始了对材料和构造以及结构和节点的实验。同时，在他们的工作中，创作与研究是重叠的，旨在突破理论与实践之间人为的界限。他们的作品使中国当代建筑显示出顽强的生命力，也体现了特殊的魅力。

与整个国家巨大的建设洪流相比，青年建筑师的研究性作品显得有些弱小，然而正是这些作品诠释了当代空间，因此具有新的学术意义。为了反映中国当代建筑这种新趋势，2002 年中国建筑工业出版社出版了“贝森文库－建筑界丛书第一辑”，其中包括《平常建筑》（张永和 著）、《工程报告》（崔愷 著）、《设计的开始》（王澍 著）、《此时此地》（刘家琨 著）和《营造乌托邦》（汤桦 著）。“建筑界丛书第一辑”的编辑出版，得到杜坚先生和贝森集团鼎力襄助，贝森集团投资出版的这套丛书，由杜坚先生和我共同担任主编。

又过了 13 年，建工出版社继续出版“建筑界丛书第二辑”，介绍中国新一代建筑师的代表作，梳理中国当代建筑史的脉络和逻辑，力图呈现中国建筑师的新面貌。我们希望年轻人能喜欢建筑界丛书，也希望这几本小书能在青年建筑师和建筑学子的青春记忆中留下独特的学术印迹。

王明贤

2015 年 9 月

序

古典者的现代信仰：
建筑的平凡、人的再定义

阮庆岳

大约10年时间的积累，在李虎与黄文菁的带领下，OPEN建筑事务所（以下称OPEN）迅速地交出相当侧目的成绩。除了在质与量上，均能亮丽站稳脚步，同时赢得掌声。更重要的，是引发我们进一步对他们以北京/中国为发声基础，这样一系列的建筑作为，究竟产生怎样意义的思考与好奇？

本质上，我会将OPEN作为脉络，放在与现代性的对话关系上，来检视其位置与意义。关于现代性的讨论，虽然已是络绎不绝，但毕竟这还是此刻正在积极衔接上现代化状态的国家（尤其是第三世界的国家，譬如中国等大多数的亚洲国家）所亟待厘清的核心问题。

关于现代性是什么，首先我赞同霍布斯邦（Eric Hobsbawm, 1917-2012）在《革命的年代：1789-1848》（The Age of Revolution: 1789-1848）里，以双元革命（工业革命、法国大革命）作为现代社会（与现代性）立基的说法。在20世纪初萌芽的现代主义建筑脉络，自然也脱不了这样以“民主”与“科学”作双主轴的价值观，也可见到或隐或显对这强大主导体系的追随。

要细看OPEN，可先以思维及作为脉络皆有其可相譬喻的勒·柯布西耶（Le Corbusier, 1887-1965）来做对比。柯布在1914年提出“Dom-ino System”（多米诺、骨牌屋）住宅的概念，将墙跟结构分离，形成自由平面（Free Plan）与构架结构（Frame Architecture）的想法，以满足大量生产、标准化、自由拼组之需要。其中，对于透过标准化以达到量产，来解决住宅的社会需求，是其中的最关键处。基本上，就是意图以科学的方法，来解决民主的住宅问题。

前两个月听李虎的演讲，说到OPEN订了5点操作建筑的原则/目标：Natural（自然的敬畏）、Social（社会的生活）、Poetry（诗意的精神）、Honesty（诚实的构筑）、Prototype（原型的量化）。

其中，对于反装饰、尊重材料本质的构筑态度（Honesty），或是寻求可模矩化原型（Prototype）的尝试，均强烈呼应着柯布的前述基本信仰（此外，譬如他在《走向新建筑》（vers une architecture）所主张：建筑的首要任务就是降低造价，减化房屋的组成构件；或是真实的形体，即是美的形体等）。

简单地说，OPEN的基本信仰与价值观，确实有着依循柯布为首的现代主义的痕迹，这路径看似本当明晰壮大，但其实在近期已有许多因资本与商业介入，而起的分歧岔路出现。在构筑之外，OPEN另外两个重要关注方向：自然与社会，亦可见到柯布在1926年提出“新建筑五点”(Cinq points de l'architecture moderne)里，以底层架空（les pilotis）及屋顶花园（le toit-terrasse），所做出相对轻微的类同回应。

那么，这样与柯布相辉映的现代主义脉络，此刻究竟是如何发展？以及如何在第三世界立足呢？

我觉得目前的建筑发展，可粗略概分成两个方向，一是对柯布为首现代主义的信仰与脉络，做出承接与善意回应的态度，OPEN即可归类于此，其位置在于承认先前所提“双元革命”价值的普世意义，并以积极态度与其衔接、因地制宜做出修正。另一脉络，则采取以在地价值、文化主体为据的辩证位置，相对激进地挑战现代性的必然意义，基本上，对于现代主义的价值，是以既联合又斗争的方式且战且走。

当然，在这两个脉络分流里，其实都隐藏着现代性的发展过程，同时出现的一个问题，即是霍布斯邦在其书中所提及，这样“双元革命”价值由欧洲向世界发展，先是扩张、继而征服的形式，造成的世界性反西方抗争的现象，以及此价值在20世纪后期，终于与资本主义有着过度的密切结合，因而产生的变异（譬如明星建筑师的大量出现）及新的社会阶级问题（譬如住宅的昂贵难取得），因此也背离了现代主义前辈（譬如柯布等人）的初衷。

确实，这即是此刻最严峻的问题所在。

那么，让我们来看看OPEN究竟如何做应对吧！

OPEN对于科学的信仰与柯布类似，对于机械化量产重视，希望透过模矩化的设计与制造，期望终得以促成建筑成本的降低，以使普罗大众得益。这样对于建筑的运用与思考，确实迥异于此刻大多数所谓的明星建筑师，会蓄意以科技的炫示夸耀，来标志建筑的昂贵与特殊，甚至藉之打造特殊化的商标与品牌价值。

也就是，在承继现代性主要价值的科学时，相对于此刻建筑潮流的某种蓄意的复杂、困难、特殊化趋势，OPEN反而坚持着可贵的平凡与平常精神。尤其，强调明晰的逻辑与秩序，注重构筑与预算的合理状态，反对蓄意的夸示与做作，使建筑呈露出肌理分明、系统清晰的性格。简单说，是有着对于语言简约的自制，同时展现对理性思维的尊崇。

这其中，表露了对于资本主义与商品价值的取向与趋向，某种的回避与不屑，也可以见到对于现代主义的基本价值与初衷，某种隐隐的回顾兼致意。是让建筑得以不脱离平凡/平常的坚持，也是对于建筑的真实角色与意义，某种执着一己的反省与回归。

基本上，应该是对于“双元革命”的原初价值，在经由全球化路径，被资本主义的的商品化包装、扩张，并成功征服市场的模式，所做出务实也含蓄的回应。也可以说，OPEN的批判性，并不在于鲜明对立旗帜的高张，更在于务己的藉由真实的实践做声张，低调却坚实。

若是以撰写《东方主义》（Orientalism）受瞩目的萨义德(Edward W. Said)为例，他被不少西方人士视为反西方现代性的急先锋。但是，萨义德真正反对的是帝国主义模式下的文化霸权主义，并非是赞同一厢情愿的文化纯粹论。他相信文化的混杂与异质必要，而且不同的文明与文化间，彼此也应有着相互依存的必然关联。这样的态度，清楚厘清现代性的表象与本质的差异，也就是接受现代性作为本质的不可避免，却反对以现代为名的文化霸权表象作为。

OPEN的另一个价值，是以空间为主体，对于人与自然的连结意图。其中，自然环境（尤其是植物与绿地）不断被引入建筑体，不管是透过巧妙围塑出来的庭院，或是垂直楼层的穿插，与自然环境连结对语的意图，昭然也清楚。另外，更值得注意的是与人结合的企图，OPEN的空间性格，基本上开放、明晰、流畅也自由，身体感与视觉经验，都有着连续不断的韵律，多元使用的空间与场所，不断制造与提供以人为主体的事件可能，目的在于希望能促成空间里人与人多元的交流与互动。

也可以说，OPEN的建筑作为，至终就是想要透过空间的塑造，对于何谓人（尤其何谓现代人）与人的行为，提出再思考与再定义。这是既显卑微又大胆的未来想象，是已然超乎建筑本体的试探。但是，也正是此刻的现代性与现代建筑，真正必须面对的核心问题吧！

这样显得乌托邦的想象，看起来似远实近，就如同OPEN在本书所写的状态："列侬在他的《想象》那首歌里，写到想象没有国家、没有宗教，所有人都和平共处，没有拥有、不再贪婪或饥饿。"这是一个简单却其实并不易达到的状态，但是建筑作为构筑完整世界的一分子，到底应该或能否为此尽一份心力呢？OPEN的态度，显然是积极也乐观的。

这样的乐观性，支撑了OPEN的整体建筑个性。

但是，OPEN对人的想象与定义，究竟又是什么呢？基本上，我觉得是承接现代性的人文主义，对"人"的状态的某种古典信仰，这是相信以人作为本体，得以善意建构世界的乐观态度。这其实可以溯源回古希腊城邦政治下的公民社会里，相信经由良好与健全的教育，譬如古希腊以人为本的"自由艺"(liberal arts)教育系统，所培养出来具"涵养"与"见识"的人，就是改变此刻世界的依赖处。

我觉得OPEN的建筑与空间，是为这样尚未完全成形公民社会的人所设想的。OPEN的乐观与信念，支撑了这样作为的力道与底蕴，也从中展现了他们作品里最鲜明的特质：明晰、开朗、乐观与诚实。

若简单回述我对OPEN到目前为止建筑作为的看法，我觉得他们承继了柯布以降的现代主义初衷，相信以工业化的理性思维，可以有机会解决人类住宅（甚至阶级）的问题。进一步地，透过这样的作为，OPEN想经由空间的设计及构筑，探讨现代人作为个体（非群体）的生活与存在状态，究竟应当为何，并提出一己的改善力量。

由建筑手段进入到人生命题，是相当大哉问的企图。期待OPEN能继续禀持信念，以着对平凡与平常的尊重态度，与对“人”所共有基本价值的信仰，开放也乐观地迈向下一个十年的挑战。

阮庆岳

台湾元智大学艺术与设计系教授

2014年12月31日

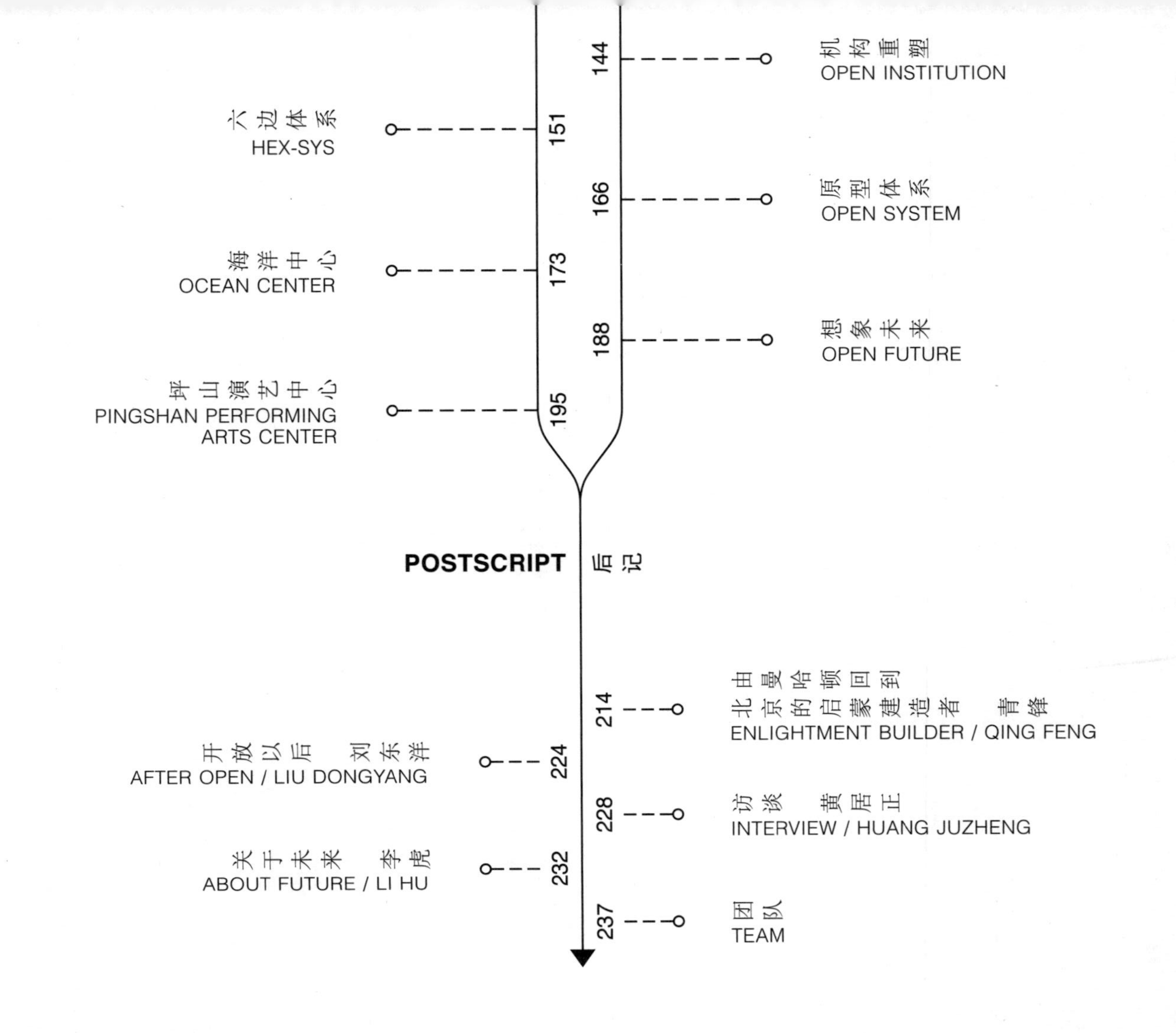

TABLE OF CONTENTS

目录

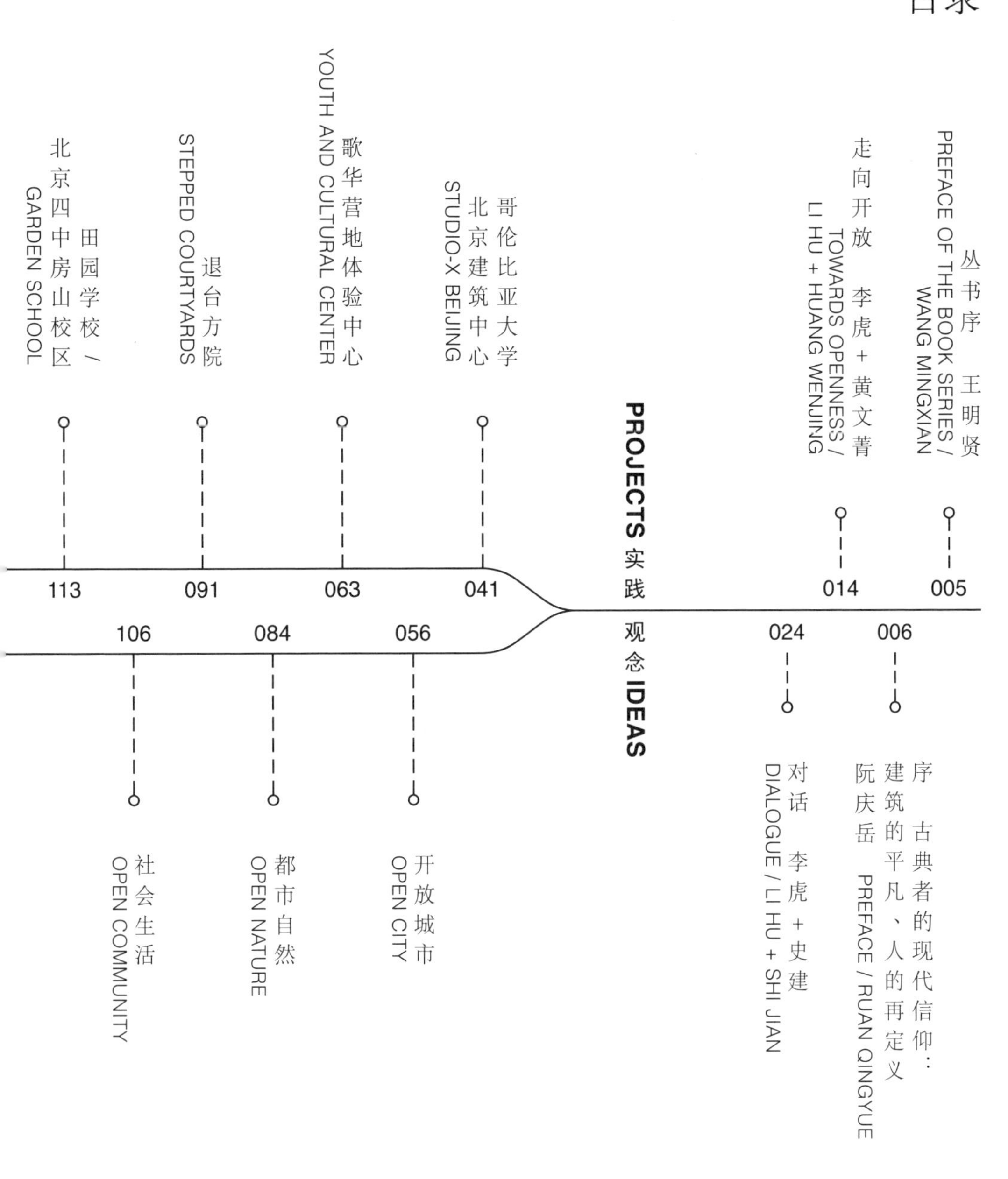

走向开放

李虎 + 黄文菁

建筑创作这个艰苦的工作，包含着大量潜意识和自然而然的思考过程。当一定要把这个过程用文字表达、固化的时候，发现这是一个相当难以实现的任务。也许因为我们的工作尚且没有成熟到可以把思维理论化的时候，也许当下思考的问题随着实际设计任务的多样性和复杂性而仍然千头万绪，以至于难以归纳总结。王明贤老师将我们纳入《建筑界丛书第二辑》的这次机会，迫使我们做了一个阶段性反思。这个反思的过程，在持续不断的设计工作压力干扰下，在独立安静思考和与若干友人同事讨论中，前后持续了一年的时间，也是一个思维在跳跃式的模糊中逐步清晰的过程。

建筑工作很刺激的一方面，也是一种为这种艰苦的工作不断注入动力的一点，是它要不停地面对新的任务、新的地点、新的问题，迫使我们不断去接触分析解决新的事物，不断去补充拓展我们的知识以应对这些全新的挑战。而在经历了近20年的实践以后，越来越清晰地感知到，有一类建筑设计任务，对我们来说有着特殊的吸引力和挑战。他们是一类有公共属性的建筑，常常位于城市环境里，所包含的功能内容非常丰富，体量也相对较大。这些复杂性，无论是外部还是内部，蕴藏着一些迷人的潜力，来构筑一种全新的、符合这个特殊时代的城市建筑。

再仔细分析一下这些城市建筑的特殊性：我们所观察到的快速变化中的现代城市生活，在呼唤一些前所未有的建筑类型。这与过去我们在建筑史上所熟知的那些清晰的建筑类型不同，因为它们更包罗万象，更富于不定性和变化性。也许是因为我们位于中国，这种变化的时间维度被极大地压缩了，因而格外地剧烈和显著。这些与现代城市生活相应的建筑需求的特征，暗示了一种建筑的复杂性和城市性，以及个体的独特性。这些空间并非简单存在于可以搬来的西方建筑类型或者我们自己的历史，它需要我们探索一种新的再造，这也就是这个时代给予我们的一种前所未有的创作的机遇。

由于这类建筑的规模足够大（也许是一种中国特色或者这个时代的独特机会吧？），在本身功能复杂性的前提下，我们有机会开始设想一些内部的城市性的空间体验与组织。建筑成为组织、导演、引导其内部的人的生活的一种“装置”，其导演的结果所生成的一种全新的建筑体验，令这类建筑产生了一种介于城市与传统概念下的建筑单体之间的一种可能性。这类模糊的区域，恰好提供了施展我们建筑理想的空间。虽然我们热爱和留守于城市的生活，而且也清楚目前最为严重的问题恰恰出现在我们的城市的规划上，但城市问题的复杂性和政治性，令我们无法实质性地参与到城市规划中，不得不只停留于做纯概念性的纸上建筑的努力。而传统的独立建筑作为一种“物体性”的存在，虽然对于其建筑本体性的探讨存在着永恒的价值，我们日常的实践也在积极参与，但这种传统意义上的单体建筑的孤立性和抽象性，仍然没有捕捉到这个时代的独特挑战，而越发显得没有我们所期待的那种更大的力度。

这种模糊地带的公共建筑，提供了对一种人文的社会生活的广大的想象空间。在城市精神和人文精神尚且非常缺失的今天，在这样的建筑里，我们可以获得一些温暖的希望。让我们体验到一座城市本来可以提供的那种精彩动人、多种多样的空间，供人们在其内部独享或者相聚、相识、交谈、辩论。它继而去积极地影响周边空间的气质，带来或许可以改善其他城市状态的冲动，或者为所在城市区域带来新的活力。这类建筑的存在，可以重新定义建筑对于它所占据的那块宝贵的城市土地的关系，它开放的边界和呼唤的姿态，也重新定义了建筑与这个城市和市民的关系，而真正融入它所处的城市空间。它内部的空间组织与塑造，可以重新定义我们作为公民和其他邻居公民的关系，启发一种相互的关爱，激发对自由独立人格的向往，并继而塑造一种新的城市公民。由于尺度的跨越和模糊，它从建筑逐步演变成为一种社区，一种我们的城市文化里所欠缺的、却对于现代城市生活和人性所不可或缺的城市功能。

如果早期现代主义的建筑革新与突破多受益于建造技术的革命，如现代的钢筋混凝土技术、钢结构、玻璃幕

图1 布鲁斯·毛的书《巨变》封面

墙、电梯、空调技术等等的诞生与革新，那么推动新的建筑革新的力量也许将不再是简单地来自于技术层面，而是来自于一种无形的、人文的力量。这种无形的力量，源自于生活方式、社会需求、人文关怀的不断进步。人与人之间，人与城市之间的关系的不断改善，都在呼唤一种新的建筑可能性的出现，一种更加充满对人性关爱，对个体尊重，启发灵感的动人城市空间。

对设计可以具有巨大改变力量的坚信，也许可以回溯到1996年在莱斯大学学习期间对我影响很深的一位老师布鲁斯·毛的研讨会。在那学期的理论课上他要求我们去研究设计给我们这个时代的生活带来巨大变革的案例。那年带领同学们一起做的研究也成为他后来的著作《巨变》（图1）的起点。在这本书里记载了来自不同领域的一些代表性人物的创造，通过不同方向和手段的设计对当下世界产生的积极影响。在这本书里，他把传统对设计的狭隘定义拓展到环境、交通技术、材料革新、能源和信息系统，以及生命科学等领域内的设计。这本书中一句动人的口号：这本书不是关于设计的世界，而是关于世界的设计——以一种无法更强烈的姿态表达了设计可以拥有改变世界的力量。

我们相信建筑在今天是有这种能力和责任来建构人与人、人与自然之间新的关系的，而这种关系反映了我们在这个时代应该具有的一种新的人文精神。

提到新精神，不禁回想起2009年的那个晚上。我回到纽约的公寓，拿到了我期待的一个包裹，刚出版的柯布的第一本自传。那天晚上，趁着时差，我一口气读了这本书的前半部分。其中一段感动了我，至今难忘，回忆起来大概是这样的：1917年5月17日晚上在巴黎的沙特莱剧院（Thé âtre du Châtelet）演出了一场特别的芭蕾舞剧《游行》（图2）。策划和编剧是剧作家／艺术家让·考克努（Jean Cocteau），他请了前卫音乐家萨蒂（Erik Satie）作曲，艺术家毕加索(Pablo Picasso)设计了服装道具和舞台布景。这个奇特组合所制作的这台由驻巴黎的俄罗斯巴黎舞台表演的戏剧，在当晚却收到了那些在场观众的唏嘘一片，有人开始往台上扔橘子，更有人愤怒到一拳打在考克努的脸上，因为他们实在看不下去这种被搞得如此下流的高尚艺术。而柯布也专门赶去看了这场戏剧，与其他观众不同，这些顶级艺术家的合作带来的现代艺术的全新可能，并把昔日那些皇家艺术形式带给了大众的行为，令他激动不已。那一时刻，他突然理解了现代性的意义。在随后不久的日子里，他开始筹办《新精神》杂志（图3），那差不多是一个世纪之前的事情，他开始思索那个时代所呼唤的一种全新的建筑的精神，让人重新回到了建筑的主体，无论是个人还是作为大众的集体，一种对人性的关怀，对大众的关注，贯穿着他随后一生的创作。

图2 芭蕾舞剧《游行》海报

图3 勒·柯布西耶创办的《新精神》杂志

回归对人性和个体的尊重，在历史上是阶段性的反复的思潮：在西方，从希腊的城邦制度到文艺复兴到早期的现代主义；在中国，从古代的“安得广厦千万间”到近代的短暂的几次启蒙运动。这种思想从未消失过，但却好像总会很快被其他更强大的无形的诱惑所压制。《新精神》创刊百年后，人文精神的缺失在当下的中国社会尤为明显，而这正是导致当下城市文化缺失和自然生态环境严重破坏的主要原因之一。

图4 阿道夫·路斯的《装饰的罪恶》封面

记得1999年在纽约听彼得艾森曼的讲座上谈到了判断建筑的“necessity”和“adequacy”的概念，暂且翻译成必要性与充分性。这个哲学层面的问题是我们经常思考的事情。当然关于这两个问题的判断，各人的见解不同，也产生了今日建筑实践的丰富性。在我们看来，Necessity是必须的，是那些建筑本体的内容，这些内容是建筑学经过了历史的积累所沉淀下来和不断丰富的一些技能、常识和知识，是我们需要不断吸取、磨练和修行提高的内容，如比例、尺度、构图、技术、节能、气候等。对这些基本问题成熟把握构成了一个建筑作品成立的必须性，或者前提条件。然而，一个建筑师对于adequacy的理解和判断，才是建筑作品差异性的决定性因素。在思考这个问题的时候，又不得不讨论一下在今天做建筑的价值所在。

在当下这个特殊的时代里，一方面价值取向越来越被资本和权力所牵引，另一方面瞬时媒体越来越多地造成思维短路，建筑也脱离它的空间创造而成为一种影像或者更多是一种图像的制造。当建筑的体验被文字与图像所代替的时候，它越来越接近广告，而不再真实。这迅速导致了设计的关注点流于空洞肤浅的图片制作。回想起阿道夫·路斯（Adolf Loos）在《装饰的罪恶》（图4）里所批判他所在的那个时代的问题，再看当下，装饰只是已经转变为另类的更为丰富的形式，重新返回并成为一种蔓延的问题。在图像经济影响下，技术、绿色、细节、空间都可以成为装饰的手段，来共同产生一个空洞无物的视觉绚丽。而我们需要的是远离这种炫技和投机，而转入更有挑战性的寻找建筑在当下改变的力量。

建筑是作为建筑师的我们表达对这个世界这个时代的看法和期待的唯一的也是最直接有力的工具，如同绘画、写作、电影、雕塑是艺术家表达自己对一个社会和时代的观点与看法的手段一样。我们非常幸运地可以通过建筑来表达我们的回应（reaction），不同之处在于建筑不但是一种表达，也会直接对与它有关的人的情感，继而对社会产生影响。

在今天嘈杂纷乱的环境里，我们努力寻找一片安宁，聆听这个时代发出的强烈却不易被清楚察觉的呼唤，等待和寻找机会用我们的建筑，以最简单有力的方式去表达我们的情感和反馈，去创造一种惊喜（spectacle），一种愉快、体验和感动。

设计是一种想象的过程。也许我们一直在想象一种人类存在的状态，一种尚未达到但终将会到达的一种理想状态：在个体存在上自由独立，在集体行为上无私友爱，以及与此对应的他们所生活的空间、建筑，以及他们与自然所共生的城市的状态。这种可能永不可及的状态，推动我们不断去想象，而在当下的现实中，在这种推动和想象下所有幸能够在某种深度上实现的设计与建造，也构成了我们的一种设计的开放状态。在这种推动下做出的作品所试图达到的那种开放状态，也许不会在今天的社会现实中完全显示出来，但那种隐形的潜力，会随着个体和社会的开放性不断演化进步，逐步增强它的作用力。

这本书里收录了一些批评家朋友的评论、访谈，和我们过去十年间各种形式的设计尝试。有些设计有幸得以实施；有些正在设计和实施的过程中；有些则不那么幸运，但我们没有放弃，仍然在等待适合的时机；有些则本身即是做给未来的，没有委托的设计。但对于我们洞察到的这个时代的一些问题和机遇，我们做出的明确而坚决的回应，都以不同形式，或多或少地存在于这些作品里。这本书里，我们选取了7个实施项目的案例（projects）作了比较详细的表述。其间，我们插入了6个“观念”（ideas）的章节，试图将贯穿我们工作的思考归纳成相对清晰的6点，与针对这6点所做出的宣言共同构成了我们实践的基本态度和出发点。

如同柯布西耶时常提到“ineffable space”（不可名状的空间），其实建筑是难以用语言甚至照片表述的。当建筑中充满着欢声笑语或者安静的沉思，当光线神秘地改变着空间的表现，当手触摸着那些思考过的温暖的材料和细节，建筑那动人的一刹那才真正可以被感知到。这些无法呈现在这本书中的维度，恰恰是我们日常工作中最大的精力消耗，也正是这些点点滴滴的经过一场场艰苦的奋斗争取和尝试所实现的建筑细节，让建筑背后的动机变成动人的现实，为那种我们试图创造的乐趣和愉悦增添了一层新的深度。建筑的本质重新回归到人的本身。

从建筑落成那天起，使用者开始在里面上演着一场真实的关于生活的戏剧，建筑用自己的空间与细节和人与自然开始新的对话并藉以改变彼此。那种改变才是我们期待的，也许是建筑真正的魅力所在。

让建筑自己来讲话。

对话

李虎+史建

开放性与城市性
在体系和叙事中展开的OPEN实践

论开放性

史建：我以前没太系统地关注“开放”，集中的关注也就是从Studio-X的“人民的建筑：谢英俊建筑师巡回展”的系列研讨会开始的，比如王明蘅、谢英俊、朱竞翔谈的开放性。后来去台湾考察，又接触了刘国沧的开放性，他的事务所叫“打开联合”，都是OPEN。

李虎：我们的英文是一样的，OPEN翻译成“打开”或“开放”都不准，有些英文词翻译成中文比较困难。

史建：你也谈开放，但是开放性只是最近三、四年谈得比较多的词。

李虎：你还记得谢英俊的研讨会上我讲的东西吗？我是从勒·柯布西耶（Le Corbusier）讲起，还有让·普鲁威（Jean Prouvé）的工作，都可以追溯到现代主观主义早期的思想。“开放性”在我们的工作里有两层意义：第一层就是开放建筑，这个想法跟谢英俊老师（也包括其他一些人）做的事有些相似，只是具体做法不一样。关注开放体系，是一个建造的问题，也是一个建造和设计同时相关的问题。其实从2002年我跟文菁做“《新建筑》住宅竞赛”的时候，就关心这个概念，这是从计算机术语、产品设计行业传来的一个概念。但这事儿可以追溯到100年前，柯布从他30多岁一直到70多岁都在研究这个事情，那种对大众的建筑需求的关心，我认为是对人性的关注，是现代主义早期的思想基础——即重新回归对大众的平等的关注。

另外一层意义是跟城市性有一定关系——这还不是局限于建筑的问题，而是城市性的问题，是指建筑跟人的关系，是一种公共性问题。这个意义上的开放性跟我们事务所的名字相关，叫OPEN。

这两件事总是在平行发展，看似没有什么关系，但实际都是关于人的问题。这是我自己对现代主义的看法，无论是当代还是现代，不是一个形式风格的问题，而是精神层面的问题，人性的问题。

史建：你们早期的开放性实验，偏向于像朱竞翔和谢英俊那种开放的建造体系，或者是具体点说，结构体系？

李虎：结构体系、建造体系、批量定制……我们之前做了一系列东西。实际上我们建成的北京万科售楼处，是在2003年就已经有设想的一个体系，它可以加长，可以转弯，可以做成任何组合。我跟朱竞翔和谢英俊的不同在于，他们有各自不同的机会，与大学结合或是与产业结合，我还没有这样的机会。每个人的发展的确有偶然因素，我在做一些相对传统的城市建筑类型的时候，试图把这个概念引进来，在四中设计里我也在想这个问题。

我们做四中竞赛的时候，五个设计策略中的最后一个，即设计的不是一座学校，而是一个学校体系，这个体系有它的柔韧性、适应性。我发现中国新建学校有一个非常有趣的现象，任务书基本是一样的，容积率都是1.0，内容都差不多。我觉得下一阶段中国可能会做大量的中小学校，怎么能快速地设计出那么多好的学校呢？所以当时做四中时，的的确确在想一件事，我们费这么大劲，别做一个学校，而是做一个学校的体系，可以解决不同场地、不同类型的需求。后来我们在北京做了另一个中学项目的概念设计（项目后来因为土地的原因停滞了），非常大，实际是同时做3个学校。我们把四中原型体系的概念拓展开来，根据基地的实际条件和项目的具体情况及需求，作出相应的改变。其实这是一种概念上的可能性，完全可以不局限于做一个房子，而是可以用在一系列的建筑里。

史建：其实这就是我刚才要说的词，就是“体系”这个词，隐约感到这个东西不仅面对大问题，也包括小问题，包括某些建筑细节、某种材料，都有体系性的想法，这是与开放性的早期实验连在一起的。我们可能探讨两问题就足够了，一个是开放性，一个是城市性。但像你这代其他的建筑师，他们会不会有这样的想法？就是排除了形式、风格，排除类型学，而是开放性的角度？

李虎：我跟其他的我这个年纪在中国实践的建筑师有一个不同，我在国外工作时间长一些。比如我在美国工作的那10多年，并没有思考太多关于城市的问题，这两个问题我都思考得很少，那几年我在做的事情，很多是他们现在正在研究的事情，也就是本体的问题，相对来说是比较单纯的建筑问题。回国以后，我才观察到一系列全新的问题，我想，这是这个时代给我们的机会。比如我在纽约做项目，没有那么多城市的问题，我不会考虑太多公共空间的问题，也没有太多生态的问题、环境的问题、材料的问题，考虑得更多的是比例、空间、光线、细节，所以我那几年都在做这些非常单纯的事情。

回国之后，发现完全是一些新的问题，但这并不是说那些基本问题不在我关心之列，我每天花80%时间埋在那些基本问题里边。可是，我觉得这还是不够的。引用埃森曼讲过的一对词语，是1990年代曾经听过他的一次讲座里提到的，一个是“必要性”（necessity），另外一个是“充分性”（adequacy）。在谈什么是好建筑的问题，达到必要的好和足够的、充分的好是不同的，在我看来，这些建筑的基本问题、本体性问题，是埃森曼说的“必要性”层面的问题，还没有达到“充分性”的层面，也就是说，建筑能否足够地好，足够地有力量。

3年前去台湾，阮庆岳送给我一本书，书名是《水墨十讲》，讲山水画，作者是台湾一位80多岁的哲学思想家——史作柽，书中谈到通过山水画看中国文化的变化，实际是文人的变化：宋代以前的大山大水，那种力量慢慢消失，到没有力量，变成了唯美主义，进入到一种审美，或者稍微尖锐一点，小情调，大山大水变成了小情调。

唯美主义的倾向和只关心自己事情的倾向，在今天的建筑界非常地夸张，不光是中国的建筑界，也是世界建筑界的问题，我们把建筑简简单单地变成美学的问题了，要去做一些触动神经的事是很难的。如果把建筑简化到就是美学问题的时候，就稍微简单一些，大家都可以做出美的东西来。但我觉得我们今天的实践，包括回到中国以后，开始反思建筑工作的性质和遇到的问题的时候，不能不去观察整个建筑文化的问题。

1960年代的时候，国外很多建筑师不屑于盖房子，那时候最有骨气的建筑师根本不盖房子，这是很有趣的现象。他们不盖房子的一个原因，不是因为那时没有盖房子的机会，只是一般甲方不找这一类的建筑师。当然这很矛盾，的确商业的发展给建筑师盖房子的机会，可是负面效应就是极大地影响了建筑文化，当房地产和政治驱动快速建造的时候，的确影响建筑行业的发展，使之偏于表象化。

去年《新建筑》杂志30周年的时候，他们让我做了讲座，我放了一张幻灯片，内容是路斯批判建筑装饰的事。今天建筑界的问题，跟路斯批评的100年以前西方建筑界发生的问题，有一些相似之处。装饰又回来了，只是换了一种方式，因为时代不一样了，想的问题不一样了，但其实还是装饰。什么叫装饰？就是跟人没什么关系的、可有可无的东西。今天绿色建筑变成标签，变成装饰，我们对历史的乡愁变成了装饰，方方面面的东西变成装饰，这是今天建筑文化的问题。我更希望探讨的是建筑本质的问题，回归到人性和城市性的问题……

史建：刚才谈的我觉得挺关键的，比如王明蘅、谢英俊、朱竞翔谈的开放性，更多是建造体系的开放性，但对你来讲是一种方法，基本是一种思考的方法，工作模式，它很难用一个现成词汇来概括，比如刚才说的“体系性”这个词。当你面对快速营造的时候，面对着歌华那样项目的时候，可以看到从当代MOMA到万科总部，一直到来福士广场，再到歌华。四中，这些我看过的项目都能明显感觉到有一种思考方式相同的东西，不能用“风格”概括，但思考方式有一致的地方。

李虎：我来解释一下这里有什么会触动我这么想，而且只有回到中国才会想这事。第一，快速，的确，快速是我们不得不面对的东西，设计的快速，建造的快速；第二，大量，又回到建筑实践的模式与方式的问题。

传统建筑设计，无论是教皇还是皇帝请一个建筑师，一定要有权有势，请一个建筑师来做是一对一的定制；而开放性最根本的思考是一种新的方式，就是如何参考产品的模式来做建筑设计。耐克要生产数不清的鞋，但它想建立一个“批量定制”的生产体系，可以每一个人的鞋都不一样，这是在2000年左右耐克出的新概念，当时很酷，是颠覆性的概念，不是一个形式，是可以拓展开的概念。如何在两者之间找到一个平衡点？工业化大生产和更原始、传统的建筑设计服务一对一？这两者之外的另一种可能性是我感兴趣的：两者之间，这个可以适应今天面临的快速和大量的建造问题。

史建：我指的不仅包括设计思想的体系，也包括形式体系和空间体系，当你有一个自足体系面对问题的时候，做设计同时也是丰富了这个体系，我比较强烈感觉到你的方法。

李虎：思维模式。

史建：是的，这个是面对快速营造，能够快速设计，面对复杂问题的一个很重要的方法，因为不需要什么都从零起步。

李虎：我有很有趣的几个设计没有实现，为什么没有实施？很多原因是触动了神经，试图做变革，多走了几步的时候阻力很大。

歌华营地的二期我们做了一个方案，设计了一个原型。回到原型的问题，大家对原型有不同的理解，我的确想做一个可以被拓展的东西。营地一期就是定制的，只能放在那块地上，建筑与场地的形态是紧紧咬在一起的。在做二期的概念的时候，想做完全相反的一件事——可以做一个原型，在全国做很多，放在哪都可以，又都不大一样，这是一个建造体系。营地在北京做和在别的地方做，只是气候不一样，造价不一样，材料不一样，但是体系可以一样。屋顶上是居住的地方，下边是活动的，整个建筑漂浮在地面上，可以适用不同地形，不用跟地形纠结。一期是长在地上的，二期原型刚好相反，漂起来。这个例子其实很明显能概括我们的这类思考，我们攒了一堆这样的未建成项目，随时可以盖，只要有人想做，现成的。我打算未来专门出一本书，把这些未完成项目做成产品目录一样。

史建：这个与谢英俊的方式比较像，从根本说。

李虎：出发点是一样的，还是回到柯布，一百年前他也是做这个事情，只是每个时代有不同的需求。柯布一百年前想的是工人住宅的问题，他是更简单的重复，并没有做变形，当年柯布做萨伏伊别墅，他是想大量重复的，满地都是，一模一样；我更感兴趣的是介于大量复制和完全个性定制之间，可以大批量地生产，但是重复一千遍都不一样。

史建：我能感觉到，但是很难表达。

李虎：因为这不是形式的问题，是思维的问题，所以不好表达。推动这种思考的社会背景，就是因为在中国要盖太多的东西，如果我还是选择继续在纽约做，这个问题想都不会想，一辈子盖一个都不容易了，没有社会需求。

史建：那么多建筑师都在研究柯布，但是每个人从柯布那里得到的东西都不一样，为什么有这么大的差别？如果开放性是一种方法，一种普遍性的方法，在实施中还是有很多地方是较劲的，什么都得重来一遍。

李虎：我们也很较劲，也都重来一遍。还是出发点的问题，有恋物情结的问题，今天的建筑界太恋物，痴迷于对物体本身，把它当做一个玩意儿做。某种层次来讲是考虑建筑跟一个人的关系，我们更关心的是与城市性相关的，建筑不是跟一个人的关系，是跟一群人的关系，思考更大群体的事情，不是在考虑一个孤立的事情。

史建：但面对具体问题的时候很困难，比如作品的完成度，要达到国外同等水准，没有被国内的甲方所异化，但是又得放弃很多东西，摆脱对完成度的执迷，那就得知道该放弃什么，虽然这种“放弃”是痛苦的。

李虎：在中国追求十全十美是毫无价值的一件事情，也不是这个时代的东西。如果在自己家里可以这么追求，会有控制的条件。做项目，如果做一个小小的美术馆，那可以做到十全十美，是有这个可能性，但我们没有遇到过这样的项目。建筑师的工作还是被动性的，不能想做什么就做什么，还得因地制宜。

史建：对你来讲，开放其实是一种思考的过程，尤其在面对问题的时候。

李虎：我觉得完全是个人兴趣。我看柯布和让·普鲁威的书，也读科学方面的书，曾经很喜欢一本叫做《一种新的科学》的书，是一个天才写的，跟字典一样厚，他用一个最基本的方法揭示了自然界千变万化的表象后边的规律，就是很基本的游戏规则。我曾经有一阵很执迷于游戏理论，游戏理论在我们的工作里经常出现，四中的窗户运用了游戏理论，要设计这么多窗户怎么办？会有一个潜在的思考，搞一个游戏规则就可以操作了，这是开放性思考的一部分，涉及到操作层面的问题，我的工作方式就是，碰到问题，找一种方法来应对一类问题。

史建：其实，你现在这些比如开放性的、体系性的做法，也给你带来一定的好处，可以有参照性。

李虎：没有直接的参照性。但可以知道我们能把东西做好，会给业主信心，品质摆在那边，而且觉得好用。我很关心的是一个房子盖好了以后，过几年还好用，我很关心材料过十年是不是还好，会不会烂掉，我不喜欢一个房子拍完照片就烂掉，中国太多参加展览的建筑，过几年全部烂掉了。我举一个很现实的例子，像四中，外墙为了省钱用的涂料，可是能接触的地方没有涂料，球会踢到、人会摸到的地方没有，全是别的材料，这是从西扎那学来的。西扎的房子还在做墙裙，四中也是有墙裙的，美国工作的经历很影响我，对品质很关心。

其他关心的东西多了，比如说家具、细节、节能。我们设计的每一个房子都是节能的，像万科总部，是中国第一个LEED铂金级，还有成都来福士；现在做的四中是中国第一个绿色三星的学校；我们在武汉做的一个超高层，也是LEED金级。这是我一直在推的，但是我不怎么说，为什么？在我看来这是基本问题，没什么可说的。但是真正推动这个的建筑师很少，做有意思的建筑，能推动这件事的建筑师更少。

但我其实每个项目都在推，四中，费了很大劲做地源热泵，开始甲方不愿意做，我说不能不做，这是责任的问题、节能的问题，学校的能耗高得可怕，教育系统每年补贴的钱数不清，非常地浪费。

论城市性

史建：开放性我们先谈到这，现在谈谈城市性，但是可以随时回到开放性，这两个是相关的。但是这两个其实还蛮对立的，对有些人来讲，开放性还是蛮形式主义的，而城市性是比较现实主义的。

李虎：或者更无形的。一个更物质一些，一个更感性一些。

史建：一个是形而上的，可以在象牙塔里完全不考虑实践，一辈子做玄想，不建筑，但是城市性是入世的。

李虎：要谈城市性，必须涉及我在美国的经历，因为我是在纽约成熟起来的，我从一个书呆子变成一个稍微成熟的人，这个过程是从纽约开始的。我上完学第一次真正地接触社会生活，是在纽约；所以我对世界城市的认识，完全从曼哈顿开始。一个城市的包容性，city of generosity，曼哈顿对我的影响——有些词没有中文对应的词，在中国文化里不存在，但姑且用好几个词加在一起——就是一种宽容性、包容性和大方。当然也包括城市的开放性，这是另外一种开放，与我们刚才说的开放完全是两件事，或者应该叫公共性，在这里，开放性更多是指思想上的开放性。

虽然我恰好了解的是纽约，但我相信纽约曼哈顿发生的事情在西方世界里并不独特。不过今天的曼哈顿我已经不特别喜欢了，一个物质的生活越来越发达的城市，到这样的阶段，人开始变了，真正开放性、包容性的阶段已经过去了，变成一种奢华。这个过程在纽约走了差不多三四十年，很快；但这个事在北京几年就过去了，北京曾经有一段很美好的时光，但现在这个城市我也不感兴趣了，那种精神过去了。这些都是情感上的东西，不太好表达清楚，但这是一种人性的问题。

史建：我当年在纽约做展览，很受曼哈顿那种逼人的城市性气势的震撼，从南端的炮台公园一直走到北端的哥大。

李虎：我们在纽约第一次干的事都是一样的，第一次去纽约，我跟文菁从下城一直走到了中央公园。我们后来家住炮台公园旁边。纽约有种特别的"劲儿"，就是穷人、富人在一起很快乐的"劲儿"，任何人都能找到自己的位置，这个城市可以"共生"。这是一种很美好的东西，为什么要有城市？大家需要住在一起产生的城市。去年我读了一本书——《希腊精神的起源》，这要回到古希腊了。

史建：古希腊有它特殊的城市性——城邦文化。

李虎：我在纽约感受到的一直影响我的精神，后来在葡萄牙也一样，巴黎没有，但巴黎曾经有，柯布在的年代是有的，1920年代的时候是有的，现在没有了，越穷的地方越有，还留着一些古老的精神。堂吉诃德也说，古代时候多美好，我想追溯到古希腊的时候，那是城市起源的时候，理想主义、共生、平等、自由、开放，这几个关键词，就那个时期，很短暂的时期，后来就没有了吧。这种理想主义的东西，自由、平等和共生的精神，在中国历史里是非常欠缺的。

史建：中国也有春秋战国时代，那种城市性与希腊城邦一样精彩。日本作家井上靖的小说《孔子》，是他80多岁时的封笔力作。在中国历史上，孔子是伦理道德先师，但

《孔子》把春秋提升到希腊城邦那种具有理想主义城市性的境界，把那些小国塑造为城市共和国，把孔子写成一个精神上的漫游者，自由、平等、开放的诉求者。那些跟着他漂泊的人是很快乐的，达到精神、人生的大悲哀、大快乐，写出了先秦时代的精神力量。

李虎：我们讲孔子不是讲这些。

史建：不是不讲，是我们很少在这个境界上理解他和那个时代。希腊人，春秋时代的孔子、庄子曾经达到人生至高的境界，井上靖写《孔子》时也悟到了。他在小说中虚构了一个叫蔫姜的局外人，七十二贤人之外，在漂泊行旅中负责做饭，最后成为孔子思想的传播者，也悟到了人生的大快乐。

李虎：是人生深层的一种气概，一种气场。

史建：已故的台湾建筑学者汉宝德先生，也曾在一本关于现代性的译著的序中指出："中国文化，自从春秋战国之后，就不习惯做批判性思考了。我们认定了一种价值观，单纯、朴素地生活下去，转眼间两千多年过去了。"

李虎：生活在这个世界里，这个已经快渐渐消失了。看似跟建筑没有关系，其实完全有关系，这个影响我们做每一件事，影响着我们做每一个任何公共潜力项目的态度和从头到尾贯彻的态度。

史建：城市性现在被谈滥了，你抓住了城市性哪些点？可以结合具体的设计案例谈。

李虎：我讲一下我的工作方法吧，先研究，以坪山为例。突然来了机遇——设计剧院，从来没做过，但是我们跳出简单的功能需求，把它当作一个微缩城市来做。我第一件事情就是研究大量的剧院，有一个非常影响且感动我的剧院，就是OMA在葡萄牙设计的音乐厅，不是建筑本身，而是它的城市性。我们去参观的时候，在好几个层面上被同时感动。

第一，这个房子分成两部分功能，一个是有票的人去听音乐会，非常便宜，另外一类是没有票的人，设计师给那些买不起票的人开一个专门可以看和听的窗口；第二，有一些功能包围这个剧院，是对所有人开放的，永远不会有人巡查，我们亲眼看到老师们带着一群幼儿园的孩子在里面上课，这是多伟大的事情！这才是公共建筑。

我们观察到中国盖了几百个剧院，一些普遍性的问题是功能单一，跟城市脱节、跟公众脱节。我们明确要从根本上解决问题，不是只关心剧院本身的声学等技术问题。我们采取了具有批判性的鲜明态度，就是去除了所有奇怪的形式，它就是一个正方形的盒子，把大剧院放里面，但在大剧院周围，我们增加了和演艺相关的对市民日常开放的功能和空间。这样就把公众引进去了，而不仅仅是一个阳春白雪的歌剧院。因为它很有可能像天津大剧院，经常没有东西可以演，但这个房子不能空着，这些对普通大众开放的空间里，有人学跳舞、唱歌、弹琴，有人在里面乘凉，有人喝咖啡、聊天，这就是一个城市性的建筑，真的参与到城市生活中去。

在清华大学深圳研究生院也一样，面临另外一个速生城市的问题。大学城面临的问题，是缺乏生活的气息，需要提供一种城市的机能在里边，激活城市生活。我们把项目的一部分空间拿出来，完全给公众使用。这是一个将要被建成的例子，我们在城市性方面做的更多工作是没建成的，比如二环研究是很典型的，重新思考城市尺度的问题。这些研究大都变成思考训练了，未来有机会建成的时候，再卯足劲深化下去。

史建：最近刚看了北京四中房山校区，很受震动，很少中国建筑师能做得那么复杂，往往只是形式的复杂，驾驭不了空间的复杂，建筑城市性的复杂。

李虎：我们最近几年来接触的事情跟建筑类型有关，我没有机会做某人的住宅，也不愿做这件事，刚好接触到这种空间，我们在探索的就是如何用新的建筑空间来重新组织一种意想不到的集体生活。集体生活不是说认识的人一起生活，不认识的人大家在一起才有新的城市性。

城市性可能是OPEN最近几年比较鲜明的特征，这个和乡村主义不一样，比如现在非常流行建筑师进农村的乡村主义。最近王南溟写了一篇文章我很认同，他说现在有个倾向，就是城市乡村化、乡村城市化，他在批判整个建筑界的问题。的确是这样，两头毁，把城市做得没有城市的精神，把乡村也给毁了。

我认为有一些问题是建筑的基本问题，比如说构造、细节这些问题，这其实是我回国之前做的事，但是回了国以后，我觉得中国这个特殊时期给了我们一些机会，我很感兴趣这些机会到底是什么，这个机会我认为是一种再创作的机会，可能是大的变革的机会，而不是简单到只是建筑基本问题。

我们做的事不太好定性，不太容易描述OPEN在干嘛，这不是一个风格的问题。相对来说，从差异性讲，我们这个年纪的中国建筑师谈得比较多的，是回归建筑本体的问题。这个问题没有任何错误，是无可非议的，我怀疑的问题在于我们今天所面临独特的创作机会的时候，建筑本体的事情是每一个人都在谈的，这是一个基本的问题，很少人发现这个时代最鲜明独特的机会。

我觉得我们这个时代过于恋物，太把建筑当做一个物体来看，更夸张的是变成一种形象和图像，我们是生活在一个图像世界里，从媒体到政治，方方面面，追求把建筑物体化。而我们更感兴趣的是建筑跟行为的关系，建筑跟生活的关系，因为我一直相信建筑可以影响人的生活，组织人们的生活。

我很强调的观点是：建筑不是简单物体、简单物质的问题，城市性说的是人性，这是一种精神的问题，一种态度的问题。建筑真的能体现这件事情，当然前提是公共建筑。

史建：有什么具体的工作方法吗？

李虎：我们的工作方法里很有趣的一点，就是电影性与戏剧化的问题，这是我特别感兴趣的，因为每一个项目的开始，我们都从里面往外想，我不关心长什么样子，从内往外想的本身，是在设想一种场景，这个是城市性的问题。

我曾经特别喜欢看电影，这多少受张永和的影响。有一段时间迷恋于看电影，有一些很建筑性的电影，像《重庆森林》里的场景，包括《后窗》的场景。几乎每一个项目设计的过程里，都是潜移默化地在想一种典型情节，两种人出现并置后，在里面可能发生的戏剧情节。

史建：看电影是当代人一种特别有意思的阅读方式，看电影是看什么？好多人以为真的是在看画面，看故事，但我觉得你不是，张永和也不是，其实是在看文学，或者说是叙事的方式。电影怎么把一个复杂的事情通过画面组织起来，这是一种叙事性，跟城市相关。叙事性是重要的，电影从艾森斯坦的蒙太奇以后，日益成为叙述性的实验场。电影为什么比文学复杂？文学只能是作家用文字叙述，电影却可以调动影像、声音、剪辑等多重技术手段，依托庞大的创作班底，进行复杂叙事，在某些方面，确实很像建筑事务所的操作模式。

李虎：在我们工作中，一直用叙事性来思考空间和空间之间的关系，而且其实我们在想一个个故事场景。四中里有很多蒙太奇情节，从一个点到另外一个点，四中如果画一个动线的图解，是非常蒙太奇的。明年会更好玩，孩子们玩熟了以后，会在里面做出很多有趣的或者是戏剧性的事情。

史建：每个人对城市性吸纳的东西不一样，就像从柯布那吸纳的东西不同一样。比如从四中和歌华，能够明显感觉到你表达了一种空间的复杂性，这种复杂性不是设计的复杂性，而是空间叙事的复杂性，激发城市性的复杂性。

李虎：这就是调动空间的潜能，空间会诱导发生一些事情。

史建：给《建筑学报》做的四中访谈，我最感兴趣的是校长说的那段话，空间设计带来学校新的使用方式，比如家长可以陪孩子来图书馆看书，产生出空间使用的新的可能性，不是单纯形式上的复杂性。

李虎：只有功能达到一定复杂性之后，潜能才能发挥出来，因为建筑复杂到一定程度，功能复杂到一定程度的时候，跟城市已经模糊了，城市无非是不同的东西组合在一起，城市性一定程度是复杂性，是一种戏剧性的潜能。

今天中国的城市性确实太缺乏，我们每天事务所里干的事情，都是在雕刻空间，处理空间跟空间之间的关系，当涉及三个空间，就可以讨论到它们的关系了，这是建筑最有趣的地方，这就是跟电影、文学又发生关系了。

史建：就像我们刚谈到的开放性与体系的关系一样，从叙事角度也是看空间或城市性问题的有趣和极富挑战性的角度。

李虎：恰恰因为我们的关注点放在空间的叙事性、空间的戏剧性以及建筑的城市性，所以是在为建筑寻找一种简单性，希望建筑变成背景，就像苏州园林里的白墙一样，这种背景是围合空间。建筑可以是非常简单的，空间也可以是非常复杂的。清华海洋楼乍一看很简单，其实里面的空间是很复杂的；坪山也是这样，外表就是一个方盒子，里面复杂得不得了。这是两个相反的操作，只有建筑变得非常简单的时候，空间的丰富性才会得以凸显，这是很有意思的简单性和复杂性的问题。

史建：但是这里简单和复杂是在一个体系性的基础上的简单和复杂，所以不是真的简单化和复杂化。

李虎：我无法做到为了生成一个形象的复杂性，为了复杂而复杂，这个我做不出来，在我骨子里没有动机做这个事。如果有的时候建筑表达一种复杂性，无非是另外一个原因的推动，达到一个结果而不是一个目的。

史建：就像四中的那个楼梯间，表面看是很炫。

李虎：也很简单，动机很简单，每两层之间有几种走法，又回到游戏规则，回到体系性的东西，就是游戏理论。包括里面颜色的布置，都是有游戏性，也是体系在里边，就是游戏规则，这两个还是分不开的，复杂性和简单性的问题。如果没有一个操作的游戏规则，这么复杂的建筑没法做了，做乱了——或者乱，或者无趣。

史建：为什么柯布总在被人谈起？就是他可以在不同的界面上被理解和阐释，不仅有形式学、空间学的，也有叙事学的，但是能从叙事角度理解的人太少了。

李虎：我讲另外一个故事，有一天柯布突然感悟到什么是现代主义，是他看了一场芭蕾舞剧，俄罗斯皇家芭蕾舞团在巴黎的第一场演出，这个演出的舞台设计是毕加索做的。那时柯布很年轻，刚刚到巴黎闯荡，突然感悟到这就是现代主义精神：普通的老百姓可以看一个皇家芭蕾舞团的演出，还有现代艺术家设计的非常抽象的现代舞台背景，他突然感受到现代舞台的精神，这个精神就是我说的城市性的问题，人的平等、自由、公平、开放。这是柯布的自传里写的，是1921年的事。

史建：但其实你现在说平等、开放的时候，并不是伦理道德意义上的。

李虎：跟道德没关系，跟政治没关系，是人性的。

史建：客观地说，比如纽约有“强烈的”城市性，但是真的能理解的，或者能够表达的人是很少的，更多的人可能是无意的，他们也很享受这种城市性。像古希腊能够达到对所谓的“城市精神”的真正理解的人，也就苏格拉底和柏拉图那几个人，还是蛮精英的，但又不是精英主义的精英，是够段位的精英。

李虎：但历史永远是由这么些极少数的人带动发展的。

PROJECTS & IDEAS

实践 | 观念

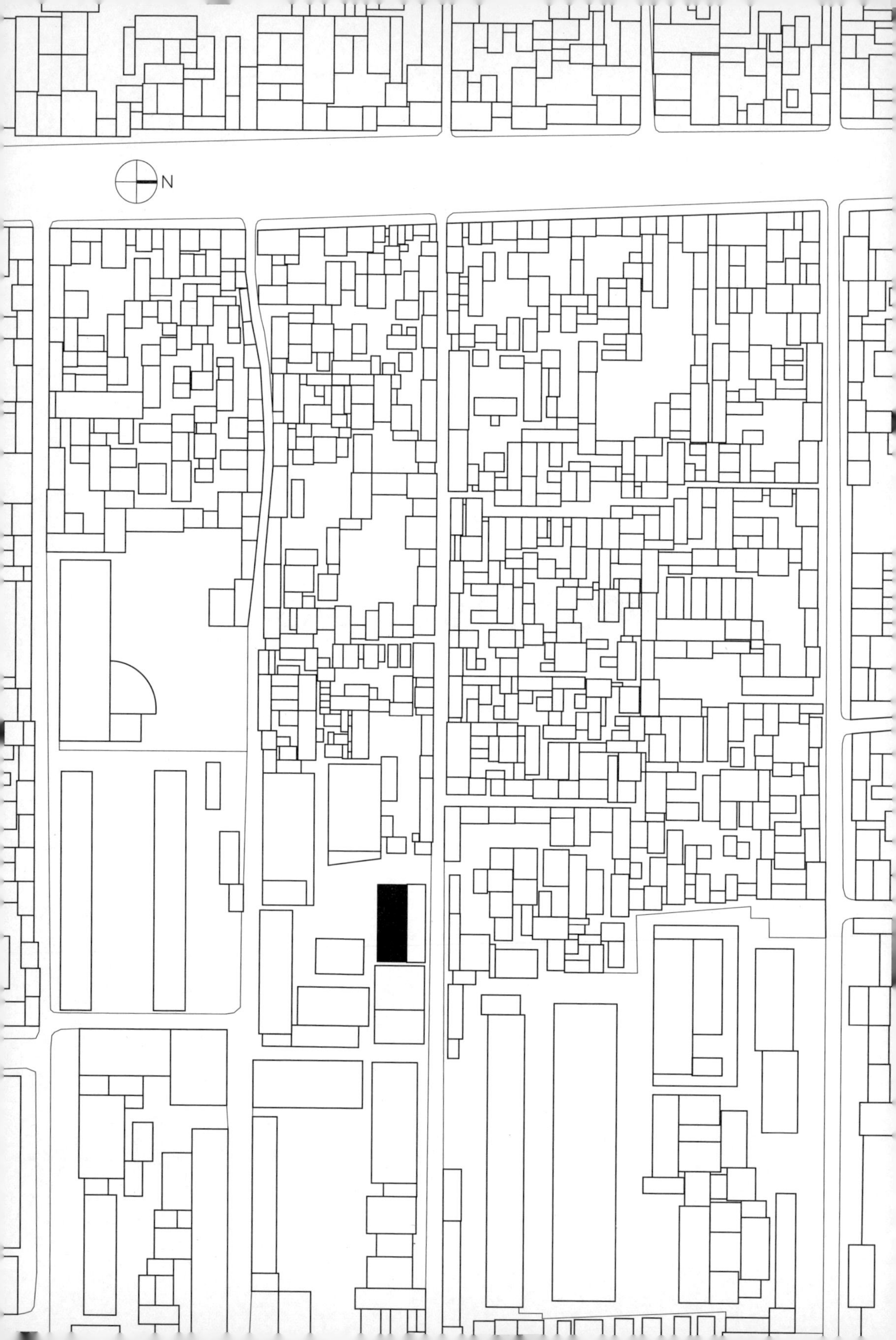
N

STUDIO-X BEIJING
哥伦比亚大学北京建筑中心

北京 2009

坐落在北京老城里国子监向南一条安静的胡同里，美国哥伦比亚大学建筑中心所在大院的前身历经沧桑，曾经是抗战时期兵器工厂、解放后的机床厂，而后一度被废弃，直至最近的几年间彻底地变身成为了创意产业的一个聚居区。

这是一次以最少的资源来实现最大化的空间和使用可能性的尝试。一个废弃的车间被改造成为一个低造价和低能耗、高效率、灵活多变的教学、展览及活动空间。当建筑师、业主以及使用人合为一体的时候，设计和建造都展现了完全不同的自由度和可能性。在这样一个小建筑里，保护和建造反映了建筑师数年来积累的对空间、细节、能源、材料等的理解；这样一个小建筑里每天发生的故事也在建筑师本人的组织和策划下推动着建筑的进步。

建筑中心里包含了门厅、书店、画廊、厨房、咖啡吧、办公室、卫生间及开放工作空间。原厂房的十榀木构桁架结构完全被保留下来。最西边的两跨成为画廊，由一堵到顶不到地的隔墙把它和开敞的大空间隔开。最东边的一跨被改造成两层，容纳办公室及厨房卫生间等辅助功能。中间部分是完全开敞的多功能空间，通过灵活隔断和可移动家具的不同布置，可以容纳报告厅、开放工作室、展览空间、聚会空间等各种功能，和建筑中心多职能的特性相吻合。

6 个 3m 长、3m 高、有 3 个轮子的灵活隔断可以自由地分隔多功能空间，以满足不同人数和要求的展览、演讲、座谈会、派对、小组工作等各种活动。6 件同样装有轮子的 2.4m 宽、1.8m 高的活动家具，容纳了 150 把椅子，并提供给学生和研究人员使用书架及带锁的柜子，它们也可以用来辅助分隔空间。活动家具的背面贴软木，供教学评图使用。

左图：区位总图

禁倒污物
保持卫生

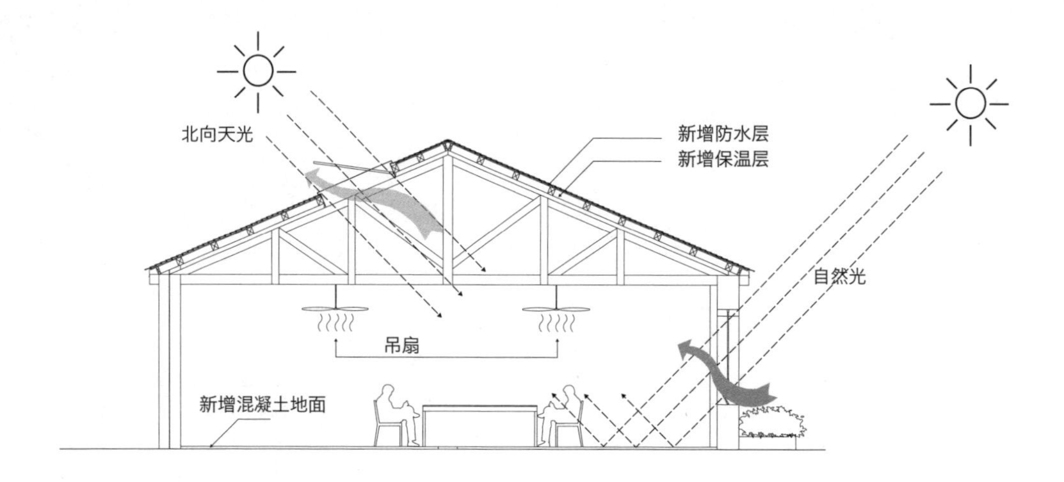

为弥补空间采光不足，朝北的坡屋顶新加了9个天窗。北向的漫射光柔和地照亮画廊及开放的大空间。同时可开启的天窗在夏天把热空气拔出去，和南向的窗户一起给空间带来自然通风，空间里大部分时间是不需要空调的。

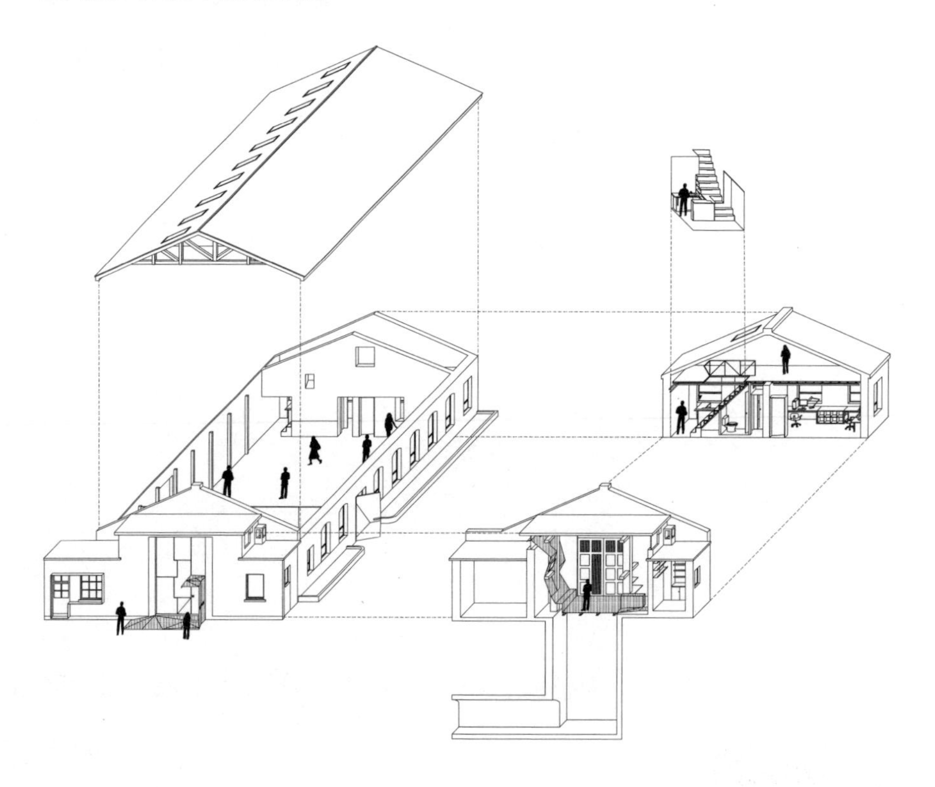

上图：节能图解 | 下图：轴测图

上图：改造前 | 下图：改造后

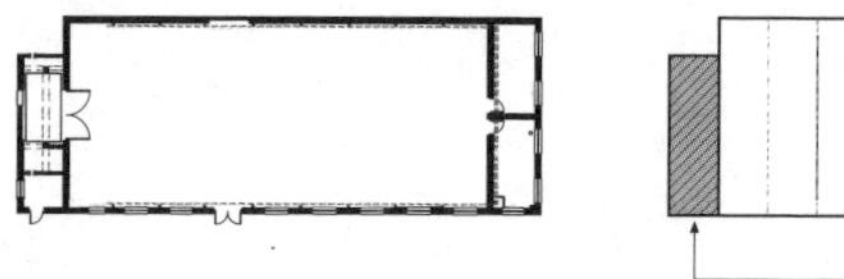

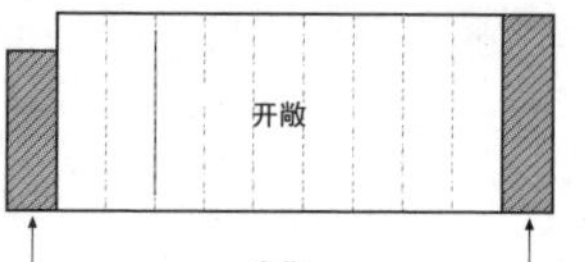

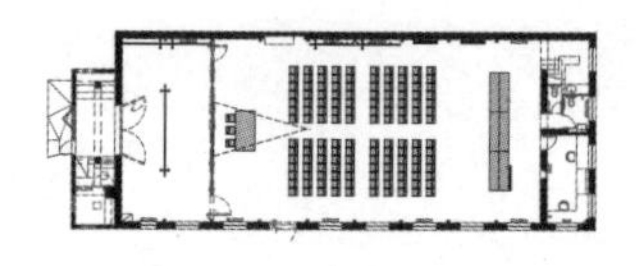

空间布局

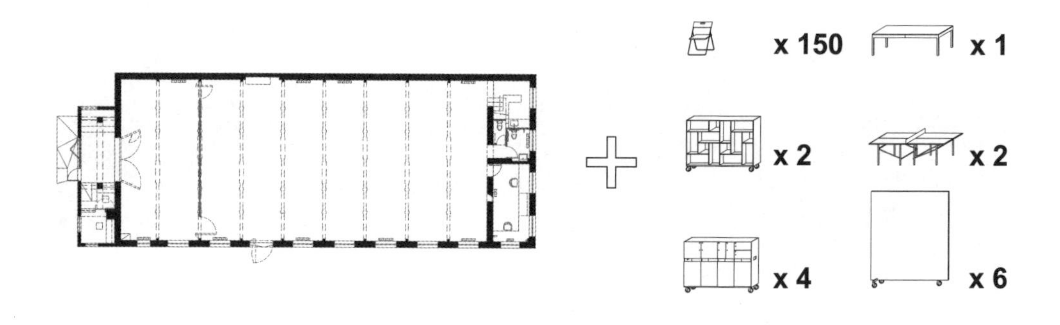

平面+家具

上图：概念图解 | 下图：西侧展厅

东侧办公室外墙

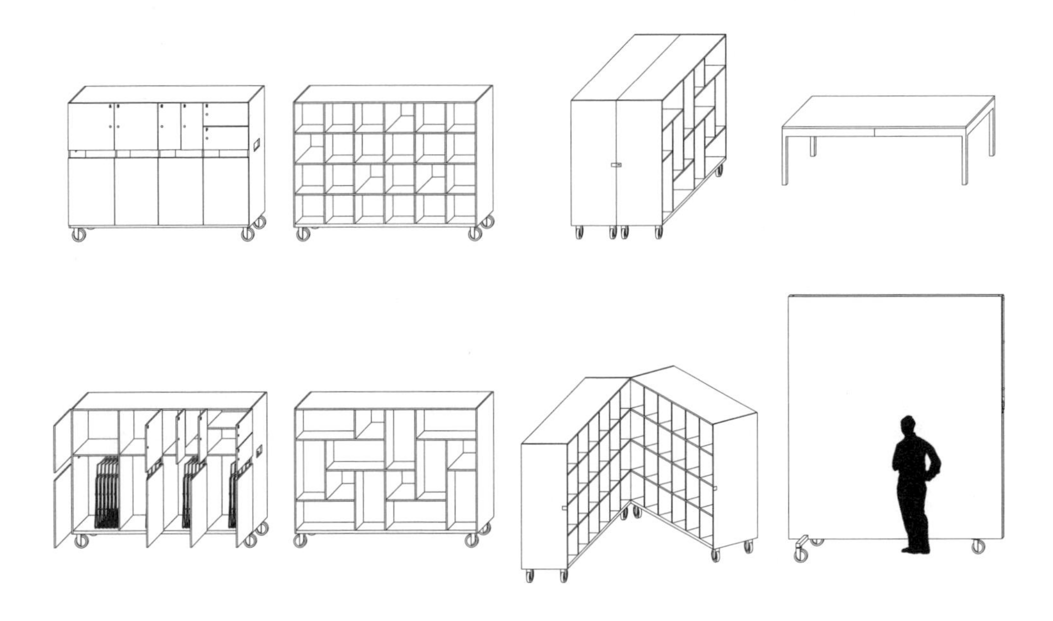

上图：家具类型 | 下图：移动隔墙

上图：移动图书馆

上图：西入口 | 下图：南入口细部设计

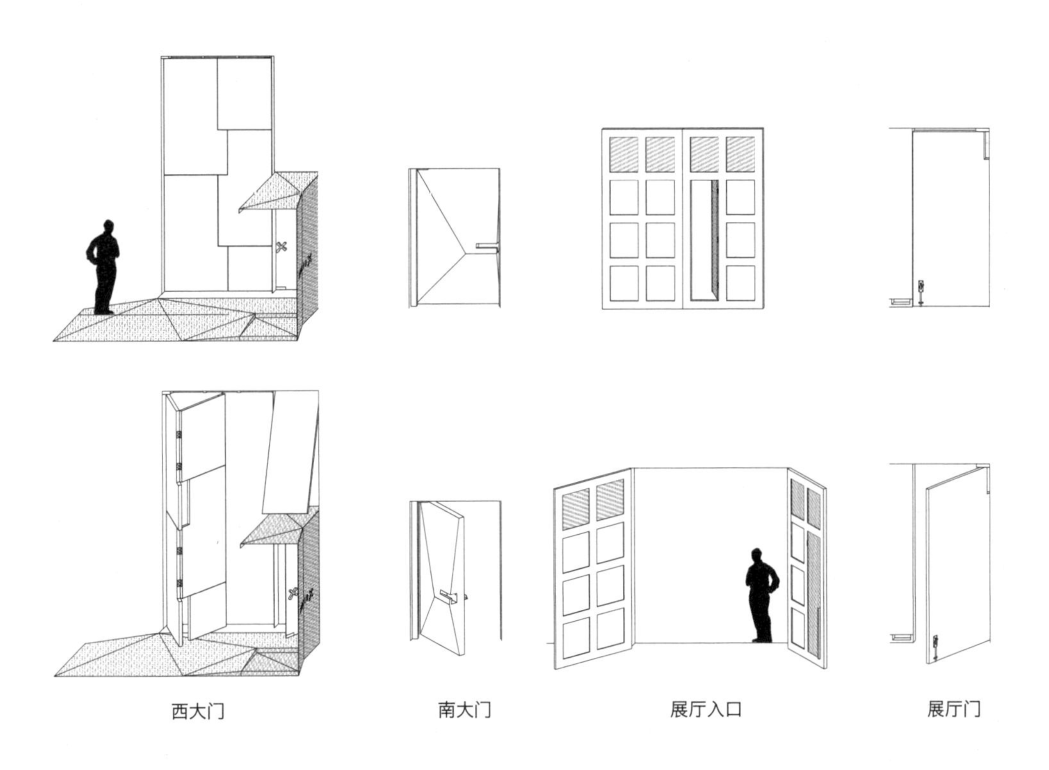

西大门　　南大门　　展厅入口　　展厅门

西入口门把手和标识细部

改造后，厂房空间里一些工业时代的遗迹被尽可能地保留了下来，包括混凝土的水槽、电风扇、木门及一些电箱。大空间粗旷的整体感觉和着意加入的一些新的细节形成有趣对比，比如可折叠的西大门、X形的门把手可嵌入钢板上镂空的文字中和膨胀的南大门等等。

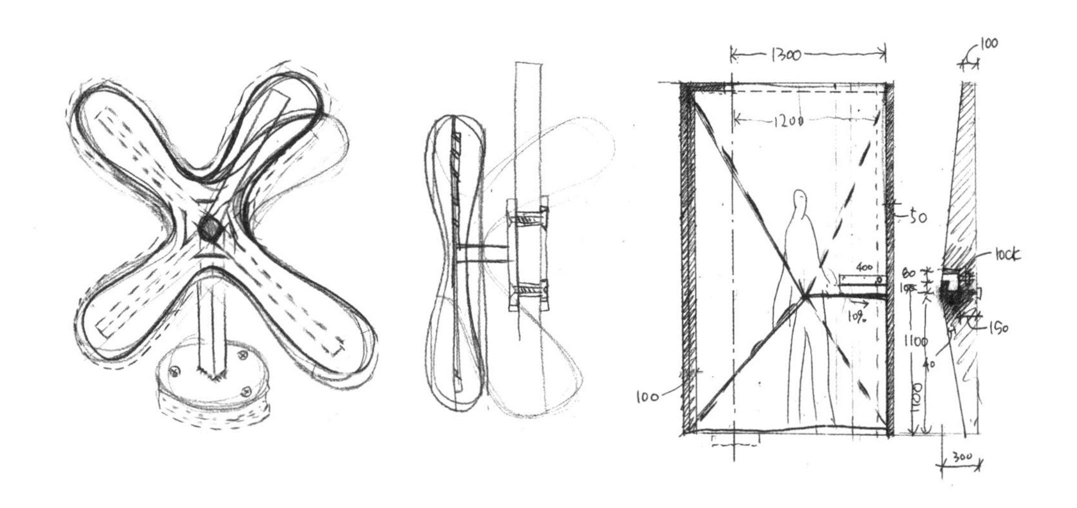

上图：草图 | 下图：南大门把手细部

上图：厨房楼梯 | 右图：作为地下空间通风井的入口展示区

照明设计
城市中国
ABITARE
area
100

OPEN CITY
开放城市

在今天的中国实践，我们经常面临着两种城市：一种从历史上继承而来，却被拆改得面貌全非，或是已经破败不堪的老城；一种是如雨后春笋般涌现出来的，仿佛不假思索一挥而就的新城。无论新老，人性化的公共空间都同样的匮乏。这或是因为在我们的城市史上，公共空间从未在重要的位置上存在过；而后在资本驱动的造城计划里，公共空间又从来不是被真正关注的议题。

中国的城市历史，从很大程度上讲，是封闭围合、集权自私的历史。以京城为例，它作为一个城市图形无比美丽，甚至柯布西耶在他的《光辉城市》里也应用了明朝北京城的平面来谈论秩序。然而他没有到过中国，不会完全了解那一切的美丽发生在高墙内，以家为中心的四合院，或者紫禁城内、皇家园林里。城市里几乎完全没有公众利益的概念，没有市民广场的空间，没有公共城市设施。那是一个充分体现了集权控制的城市形态。

到了全球化和中国迅速步入现代生活的今天，我们的城市在物质层面上发生了很大改变，然而内在的本质还没有足够地跟上。城市的尺度大了，水平和垂直方向上都发生了巨变，但公众、包容、开放依然常常被忽略。核心问题在于我们的文化里至今仍然缺少真正的对人性的关怀，对个体的尊重，对独立人格的培育和对自由的宽容。我们亟需更加开放和适应现代中国社会的城市，封闭于院墙中的生活已经不复存在。我们看到了对各种形式、各种尺度的公共空间的极大需求，它们开放、自由，服务于社会大众。

如果重新规划一个城市和彻底修复一个城市很难，或者说需要漫长的时间，那么积极的建筑可以比较直接地起到重新激活城市生活的作用，如同催化剂或者充电装置。这些建筑，把人聚在一起，把新事物和老历史联系在一起，打开封闭的城市，联系起割裂的社区，创造一些前所未有的空间与事件的组合，让城市重新充满惊喜和活力。当这样的建筑越来越多，形成网络，它们的修复与重新激活的效应也会越来越有效。让开放愉悦的建筑扭转自私短视的城市状况，重新定义城市。

我们所期望的开放城市不见得整齐干净抑或外表光鲜，但一定是充满生机和活力的城市；是允许高贵与平常、个体与集体和谐共生的城市；是高密度高效率，同时公共空间极大丰富的城市；是人工建造与自然环境相平衡的城市。

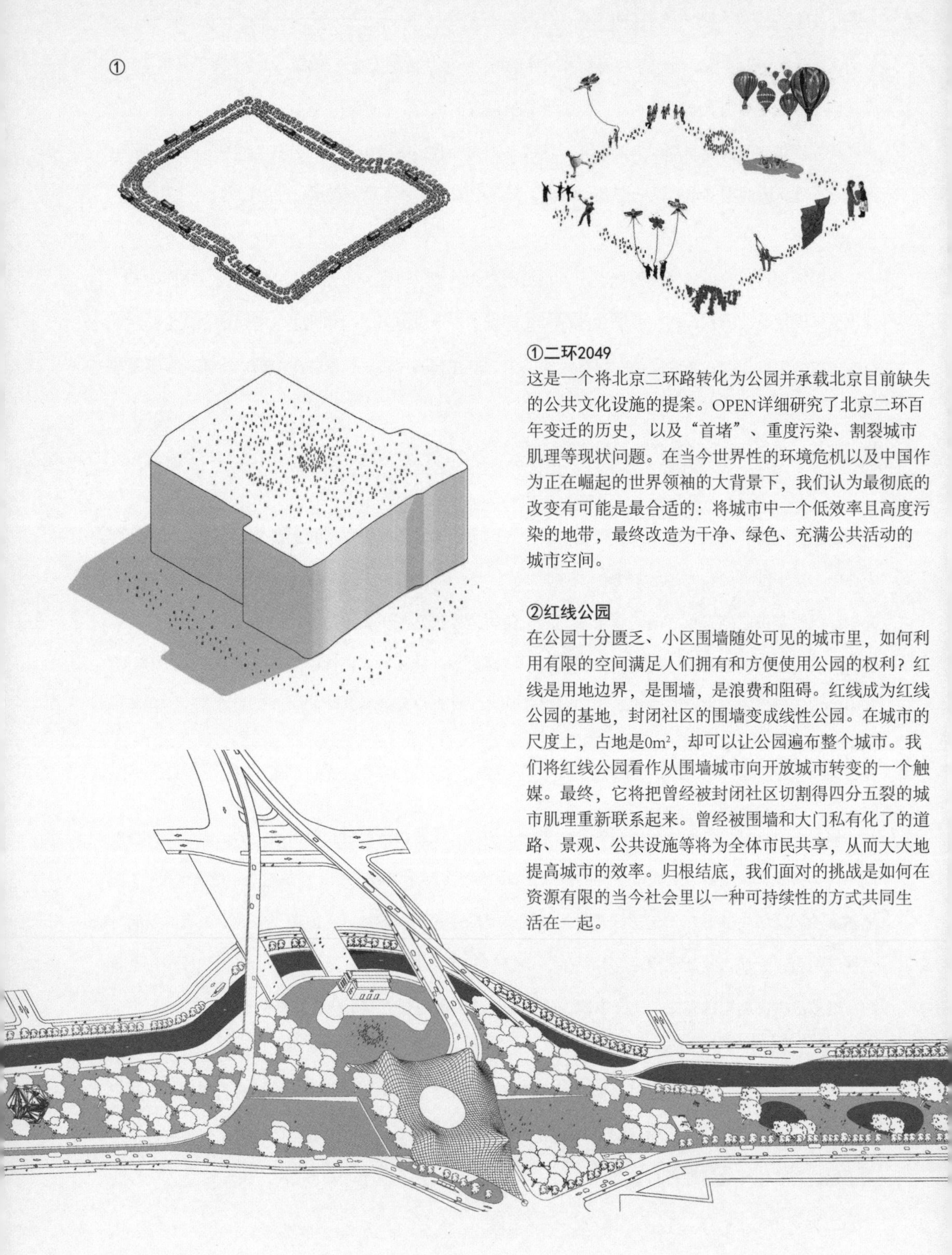

①二环2049

这是一个将北京二环路转化为公园并承载北京目前缺失的公共文化设施的提案。OPEN详细研究了北京二环百年变迁的历史，以及“首堵”、重度污染、割裂城市肌理等现状问题。在当今世界性的环境危机以及中国作为正在崛起的世界领袖的大背景下，我们认为最彻底的改变有可能是最合适的：将城市中一个低效率且高度污染的地带，最终改造为干净、绿色、充满公共活动的城市空间。

②红线公园

在公园十分匮乏、小区围墙随处可见的城市里，如何利用有限的空间满足人们拥有和方便使用公园的权利？红线是用地边界，是围墙，是浪费和阻碍。红线成为红线公园的基地，封闭社区的围墙变成线性公园。在城市的尺度上，占地是0m²，却可以让公园遍布整个城市。我们将红线公园看作从围墙城市向开放城市转变的一个触媒。最终，它将把曾经被封闭社区切割得四分五裂的城市肌理重新联系起来。曾经被围墙和大门私有化了的道路、景观、公共设施等将为全体市民共享，从而大大地提高城市的效率。归根结底，我们面对的挑战是如何在资源有限的当今社会里以一种可持续性的方式共同生活在一起。

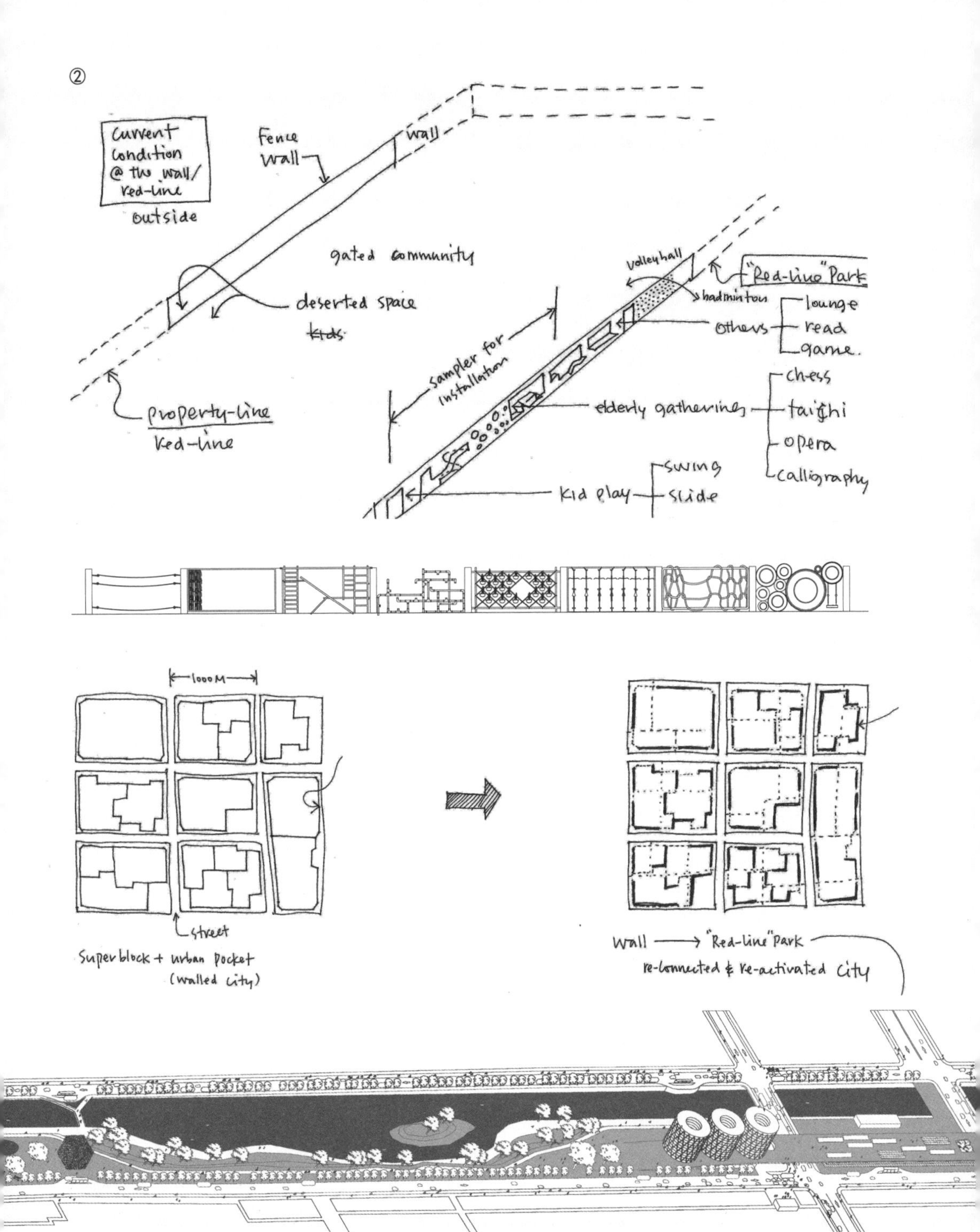
②
Current condition @ the wall/ red-line
outside
Fence wall
wall
gated community
deserted space
kids
property-line
red-line
sampler for installation
volleyball
"Red-line" Park
badminton
others
lounge
read
game.
chess
taichi
opera
calligraphy
elderly gatherings
swing
kid play
slide
1000M
street
Superblock + urban pocket (walled city)
Wall → "Red-line" Park
re-connected & re-activated city

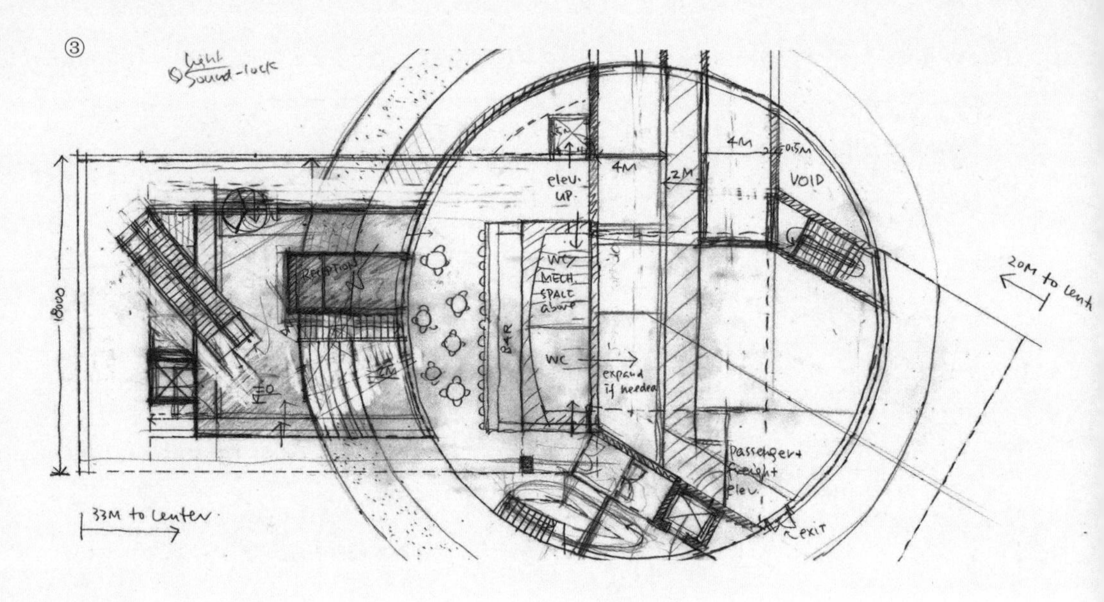

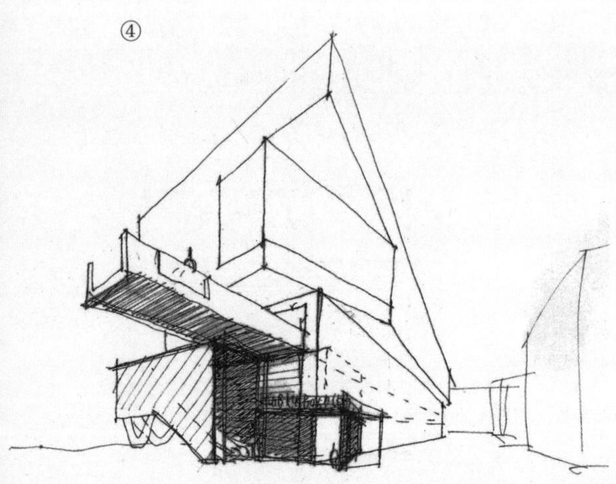

③西岸油罐艺术中心

废弃的航油罐，工业时代的遗存，将被保留和再利用，成为艺术的载体——完成“质变”的华丽转身。当被注入新的功能后，油罐在视觉和内容上都可以形成强烈的冲击力。获得新生的油罐将成为一片老工业区转变成城市文化中心的触媒。

④三里屯百老汇影院改造

在一片不太成功的商业空间中，植入一个影院，以重新激活这个街区的城市生活。它将不仅仅是个影院，而是一个城市人流和能量的交点。就像影视艺术，通过重组空间与时间来创造出多元性和复杂性。

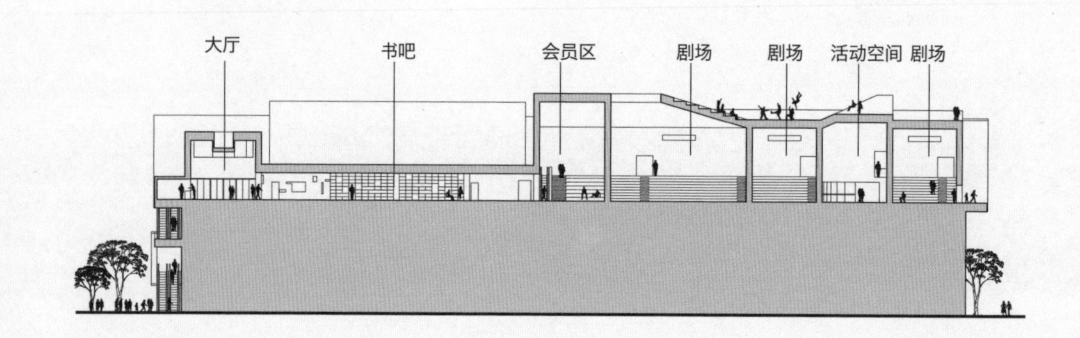

③

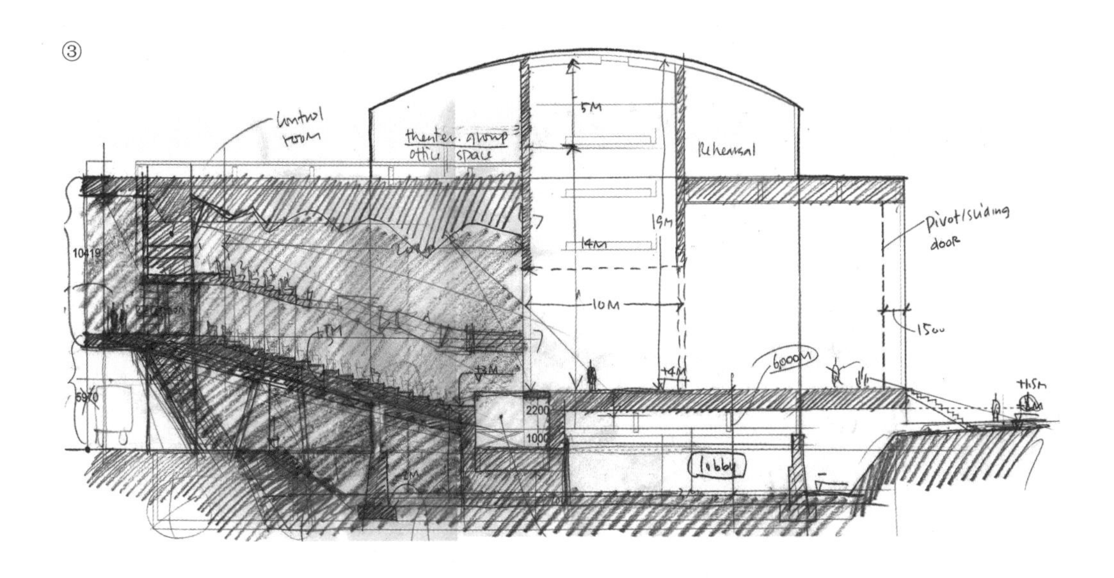

⑤

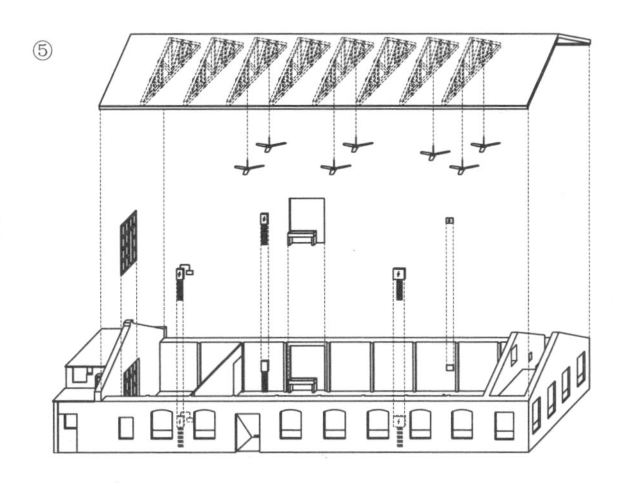

⑤Studio-X哥伦比亚大学北京建筑中心

这栋小房子的前世今生，见证了城市历史的翻天覆地：曾经的胡同民居、兵器工厂、机床厂，而后一度被废弃。坐落在北京老城里国子监向南一条胡同里，改造后的老厂房保留了历史的痕迹，又灵活地适应建筑中心的各种活动需求。时间的痕迹沉淀在简单而丰富的空间体验里。

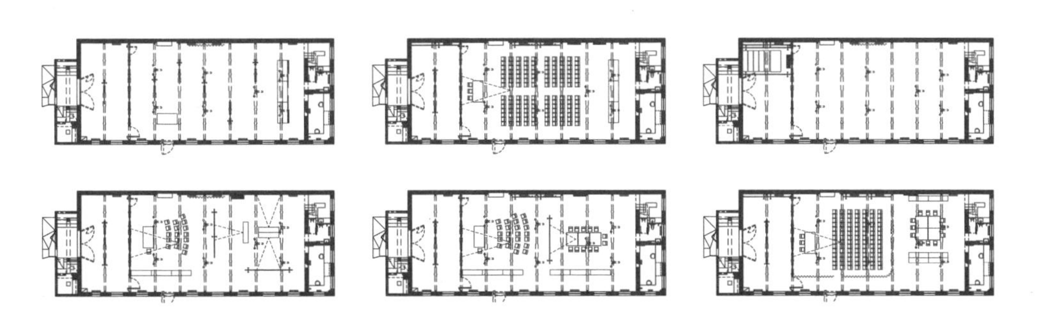

N

YOUTH AND CULTURAL CENTER
歌华营地体验中心

北戴河 2012

这是一个公益性的青少年营地体验中心，位于秦皇岛市北戴河区。在紧张而宝贵的 7 亩地上，我们尝试把通常一个大型营地里所提供的活动体验压缩并有效地组织，利用最少的资源去创造最大化、最丰富的体验。营地总建筑面积 2700m^2，包括多功能剧场、DIY 空间、书吧、多媒体影音厅、大师工作室、展厅、餐厅和会议室、员工办公及宿舍等空间。

建筑置身于自然之中，若隐若现，隔绝于城市的喧嚣之外。空间通透开放，自由流动，阳光和风可以自在地穿过。灵活可变的空间轻松地适应不同的活动需求。建筑中心的内庭院，不仅是全年的景观，同时也可以扩展为观众席来观看剧场的演出。建筑屋顶为绿化和活动场地，于是基地 100% 的面积都被利用起来，成为室外活动场地，这对青少年营地是非常重要的一个方面。

营地体验中心拥有一个 120 席位的小剧场，虽然剧场规模不大，却可以承担非常专业和高质量的演出。与一般剧场不同的是，舞台后有两层大型折叠门，可以分别或同时打开，将室外庭院纳入剧场空间。表演和观看都有了无数全新的可能。比如京剧可以从室内演到室外；内层白色的折叠门可以做超大型露天电影的屏幕；演出可以同时从室内室外观看等等。观众在戏剧化的意外中享受不同寻常的观看体验。

左图：区位总图

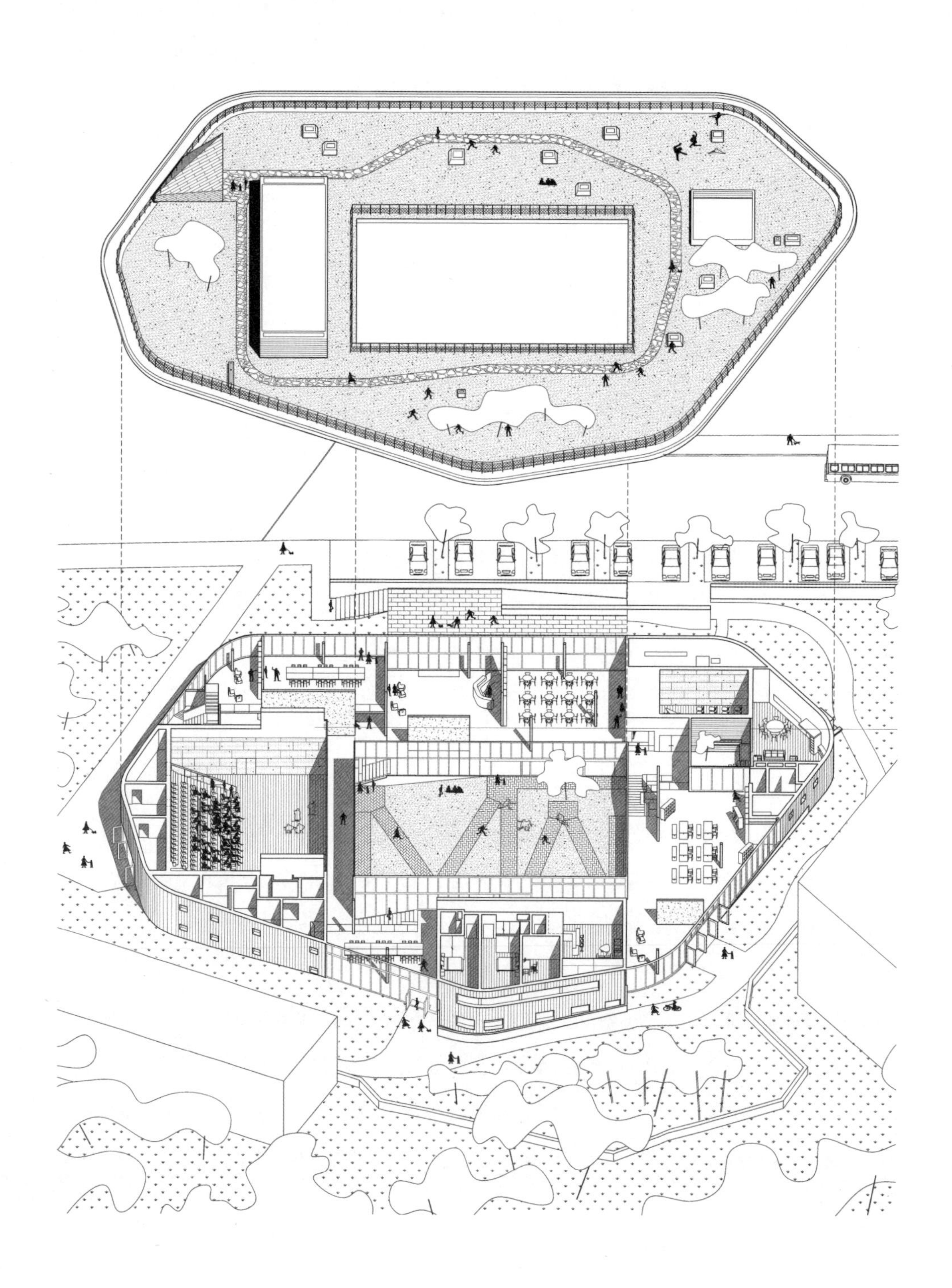

上图：轴测图

建筑给青少年提供了一个充满阳光和自然，可以发现和创造不同奥秘与故事的场所。它像一个微缩的社会，包罗万象。这个建筑也成为一个季节性旅游城市中少有的常年运营的文化活动中心，承担各种演出和文化活动。小建筑也可以承载大的社会功能。

这是一个关于自然的建筑，被动式节能和自然材料结合，朴素没有装饰的空间，开放灵活的体验，令建筑本身成为营地的一本教科书。作为一个实验样板，青少年营地将陆续出现在其他城市里。

上图：实景鸟瞰

草图1

草图2

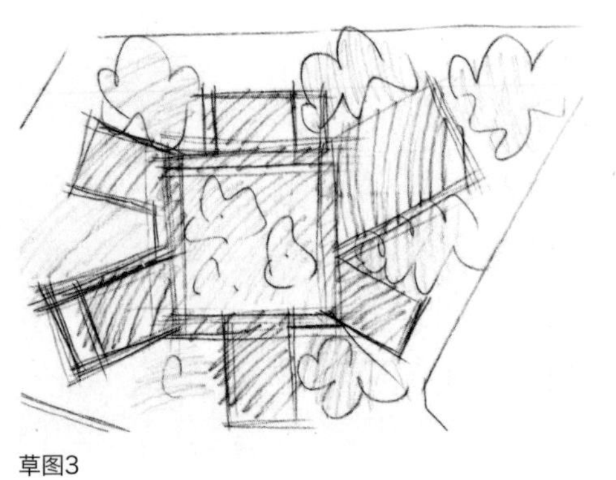

草图3

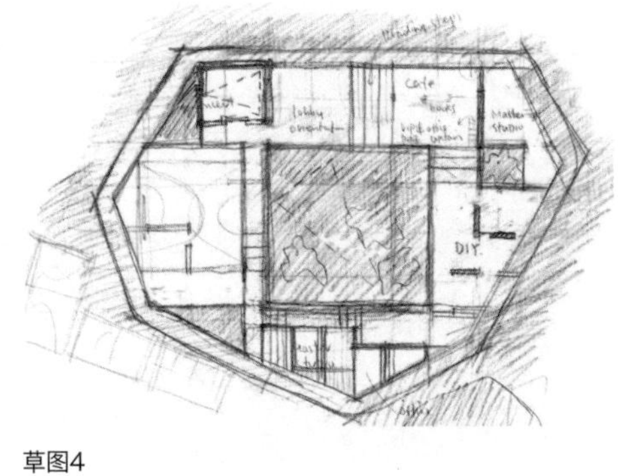

草图4

上图：设计草图

在实际设计过程中，歌华营地的确是从内部开始生长而成。以内部庭院的形式保留场地中原有的几棵树木的概念已经出现在早期的草图中。

另一个与现代主义传统密切相关的是开放平面，OPEN建筑事务所创始人李虎坦陈这是受到密斯（Mies）巴塞罗那德国馆的启发。几道主要的独立墙体在早期的草图中已经确定，它们各自限定出几个半围和的主要室内空间。

—— 青锋，《依然蜿蜒 —— 歌华营地体验中心与现代主义传统》

节选自 2013年04期《建筑师》杂志

毫无疑问，从一开始，建筑师便设想与“怪楼奇园”中各类集中式大体量的建筑拉开距离，根据功能需求的不同，把建筑分解成几个大小不一的盒子式的体量，分散地嵌入到基地中去（草图1），但各盒子之间因为缺乏有机的联系，好像成了漂浮着的一个个孤岛，因此，在第二轮草图中（草图2），五个取景器般的功能体块朝内被处理成围绕着一个方形的中心庭院布置，朝外则像八爪鱼似的向四方伸展，窥探着周边的景观。

但也许是轮廓线过于复杂，也许是建筑师不甘心落入与周围建筑同质化的境地，在第三轮草图中（草图3），建筑师干脆把几个方盒子集合成一个更大的方盒子，在中间嵌入两个一大一小的庭院。这样，各功能体块之间的联系不仅变得紧密了，而且中心庭院也可为之提供良好的光照条件和创造宜人的景观。但缺陷在于，方盒子的外形与基地的边界轮廓难相凿枘，两者之间甚至没有任何心理上和视觉上的暗示性关联，这的确令人难以满意。但在随后一轮的草图修改中，建筑师却并未另起炉灶，彻底放弃方盒子，而是保证最大尺度的中心庭院形体不变，外围的各功能盒子之间发生些微的错动，并在多个方向轻轻地推着外部边线，空间往外鼓胀、扩张，最终形成一个圆润的多边形体。好像一块粗砺的玉石，经过多次精心的打磨，终于露出了美丽的光泽。至此，建筑师不仅保留了“盒子”的最初概念，而且反映出了基地不规则的几何形状（草图4）。

—— 黄居正，《消隐的“盒子” —— 解读秦皇岛歌华营地体验中心》

节选自2013年03期《世界建筑导报》

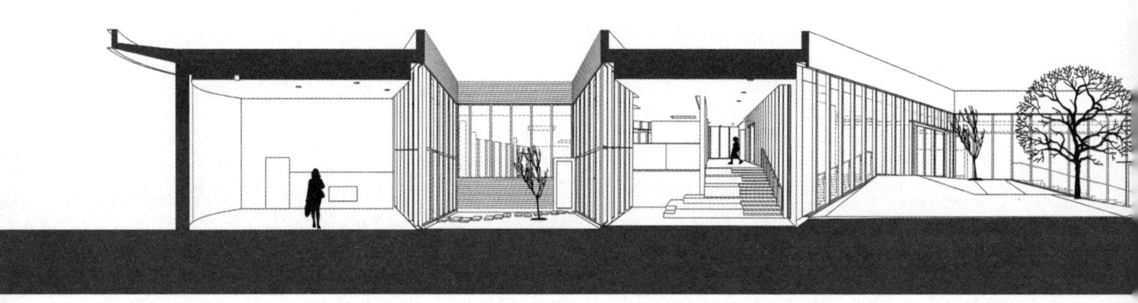

上图：概念透视

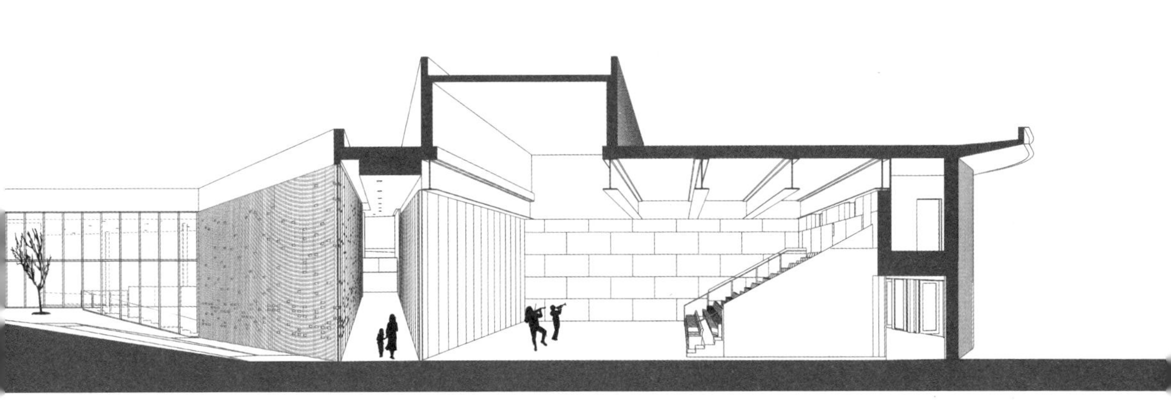

4
2

剧场的不同使用方式

120席位的专业小剧场端坐庭院西部，舞台后面有两层6米高的大型折叠门（幕），中间是回廊。这两层幕/门可以分别或同时打开，于是在剧场、庭院，以及剧场与庭院之间，表演和观看就有了多种可能。当外层竹木的大门打开，内层白色的门墙可以是大型露天电影的屏幕，或是传统弦乐演奏的背景；当两层门都打开时，观众可以从庭院和剧场同时观看，演出可以从室内过渡到室外，观众在片场化的意外中享受到不同寻常的当代观演体验。

正是剧场与庭院在空间上的延展/互补，以及对活动幕/门的多重调动，使这个“空”的建筑的核心可以在常规剧场、露天电影、延伸舞台、实验演出和露天演出五种状态中随意切换——舞台的前台与后台的关系混淆了，内庭院与剧场的界限模糊了，甚至，内庭院周边玻璃幕墙后面的回廊也成为看台。在这里，剧场与庭院、建筑与自然的关系随时发生着借景与置换的转换，小空间从而成为与营地功能贴合的多功能、片场化的体验空间。

——史建，《开放策略：内向与多向——秦皇岛·歌华营地体验中心的开放式解读》

节选自 2013年01期《时代建筑》

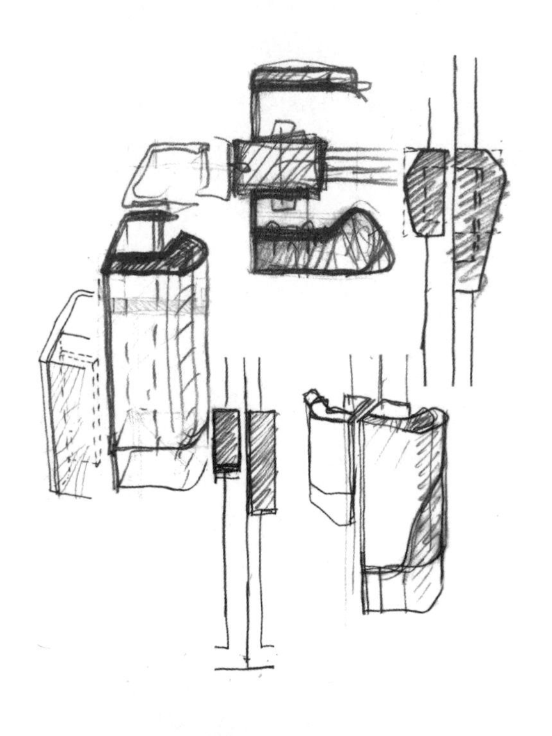

在入口门扇的扶手上，李虎设计了内外两种不同的扶手形态，分别对应推和拉的开启动作。简单实用的设计同时强化了建筑内外的差别，如卒姆托（Zumthor）所说："门把手……就像一种特别的符号，提示你进入了一个不同情绪与味道的世界。"

环绕内院的主要通道上的四段楼梯的设计同样值得注意。为了增强活跃性，梯步的一侧被处理成可以坐卧的不同大小的平台，简单而明确的处理再加上高差与水平错落的并存，让四段楼梯成为整个建筑中最具特色部分之一。为了获得精确的线条，这些楼梯都用了不同于其他区域水泥地面的青色石材，同样有效地突出了楼梯的特殊性，给予空间的转化更强的心理提示。

另一个非常精彩的细部设计是楼梯扶手，尤其是扶手的立柱。为了保持双向的刚度，建筑师通过钢板的斜向转折塑造出极富雕塑感的建构细节，戏剧化地展现了材质的力学特性。这个细部成为贯穿整个建筑的主题之一，在不同场合以不同的材质与尺度出现。尤其是在转角楼梯部分，梯步厚重的实体感与钢制扶手的轻盈与转折形成了强烈的对比，两种典型现代建筑材料通过并置的方式展现了自身的特性，从勒·柯布西耶到卡洛·斯卡帕（Carlo Scarpa），这种经典手法的感染力显然并未穷尽。

——青锋，《依然蜿蜒——歌华营地体验中心与现代主义传统》

上图：门把手草图 | 下图：门把手细部

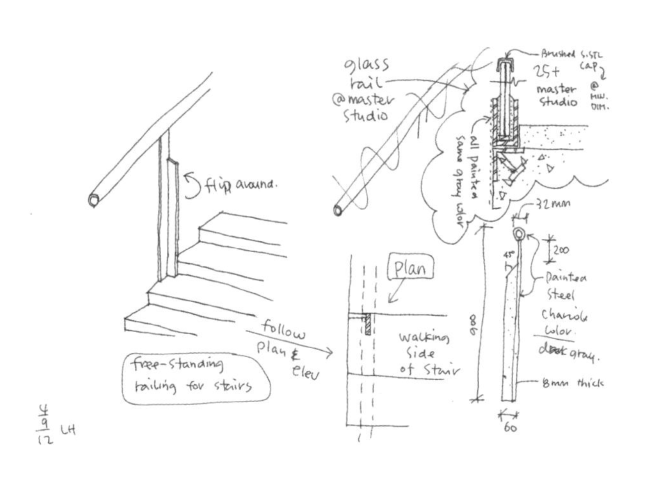

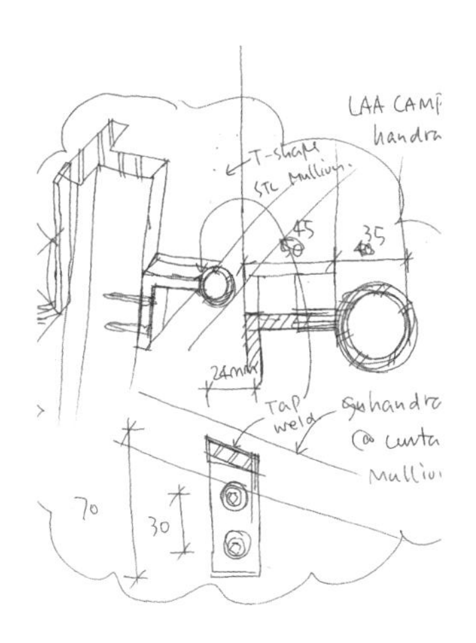

上图：楼梯及扶手 | 下图：草图

上图：白桦树 | 下图：剧场折叠门窗洞

营地剧场舞台幕墙的设计也有深入的考虑，两道幕墙并列主要通道两侧，可以根据需要分别开启，折叠收向两端，由此形成室内、室外、室内外结合的不同演出空间。面向内院的外侧幕墙上开启了上疏下密的长方形孔洞，对于孔洞的开启方式建筑师尝试了十余种不同的设计，现在的成果甚至考虑了儿童向上视角的斜度。建筑师的概念来自于北方白桦树上的眼睛状斑纹，或许可以看作对内院中逝去大树的回忆。

——青锋，《依然蜿蜒——歌华营地体验中心与现代主义传统》

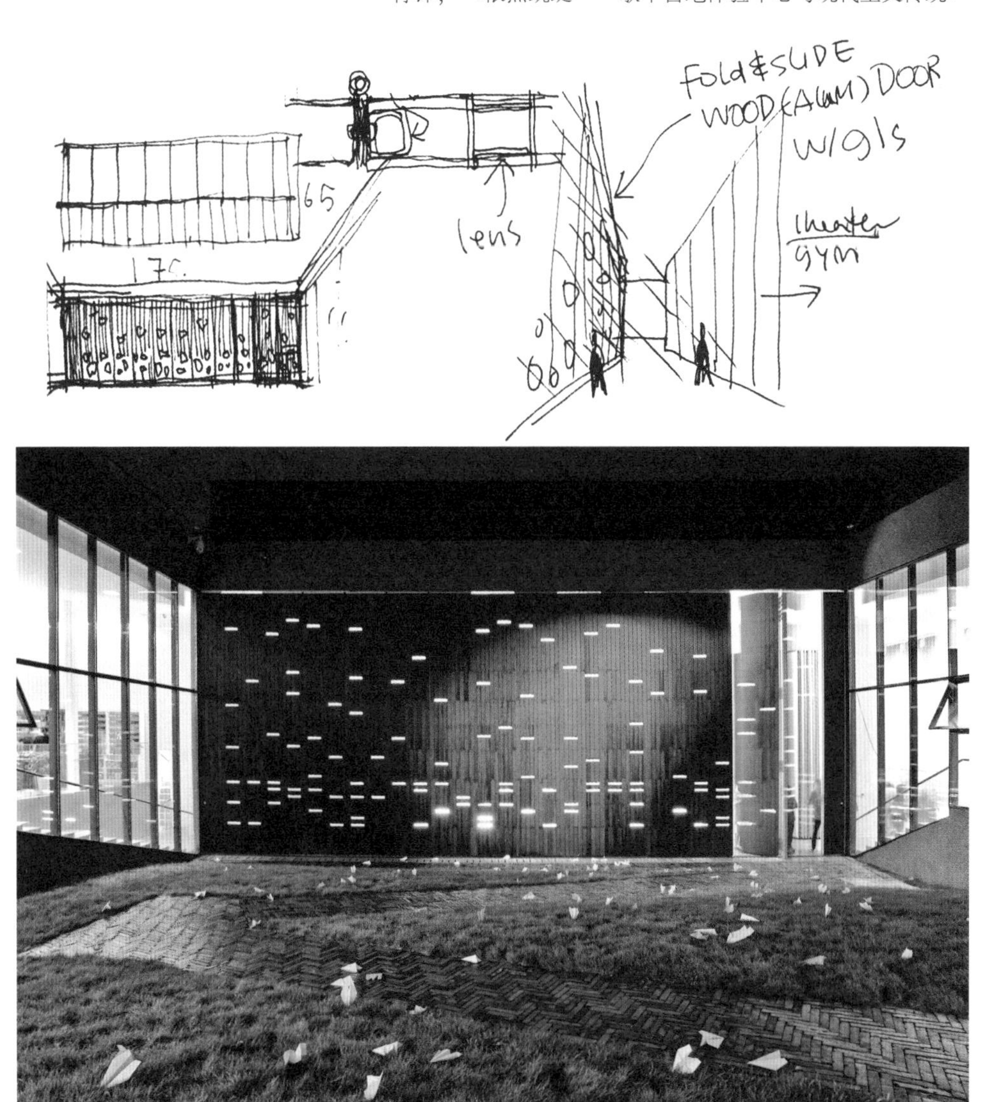

上图：草图 | 下图：剧场折叠门室外夜景

IDEAS

OPEN NATURE
都市自然

在此之前，我们的自然，

从未遇到过这样的危机，如此不负责任目光短浅，

被我们过度掠夺的自然，到了无法自我修复的境况；

在此之前，我们的青少年，

从来没有如此地疏离自然。

对待自然的态度，是生活在地球上，

人类的基本素养。

我们用于建造和维持房屋运转的所有材料，

都来源于我们的自然。

建造的过度和夸张，是对自然的犯罪。

去建造，就要去仔细考虑地点，尽量小地干扰到自然；

去建造，就是以最少的资源，创造最大的成效；

去建造，是去向自然学习，而不是将房子做成自然的形状；

去建造，是去创造最高效、快乐和紧凑的城市，不是无止境的蔓延；

去建造，是去创造第二自然，在我们共享资源和社会生活的城市里。

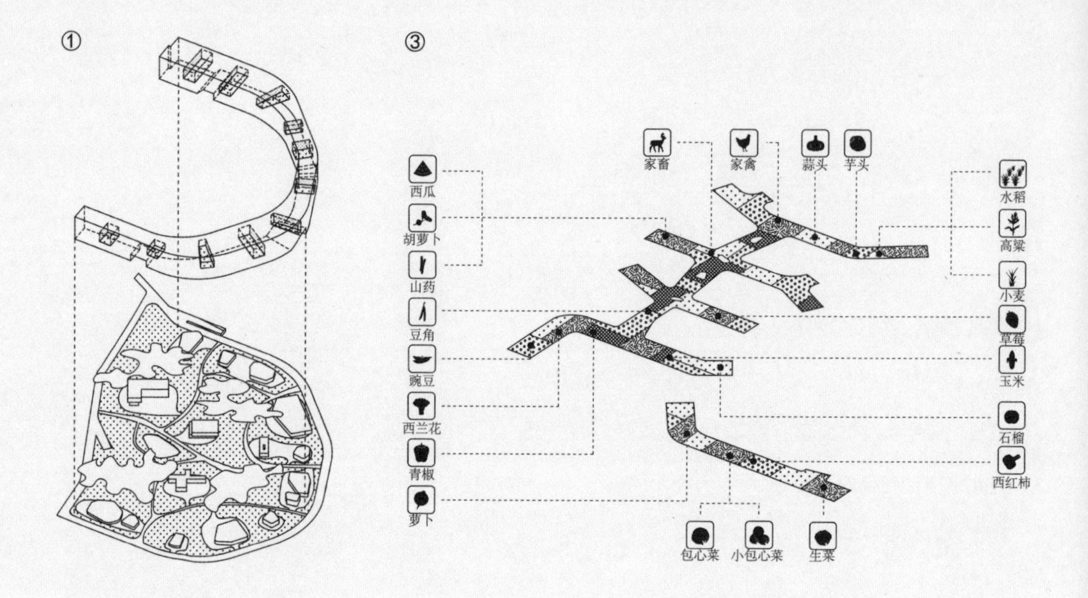

①网龙公社

这是一个探讨如何重新构筑人与自然，人与人之间关系的建筑实验，以相对较低的成本去创造一个高品质的未来生态社区。保留大部分基地，培育一个森林生态公园。公园里散布着一系列形态各异的小建筑，以承载员工们日常生活和娱乐。在这里，自然与生活融为一体。

②林中树屋

这些别墅将被建在海边的一片树林里。“树屋”将对场地环境的影响极小化，而将自然景观最大化，探索开发与保护自然之间的平衡。在枝叶与鸟鸣间的生活，期待天人合一的境界。

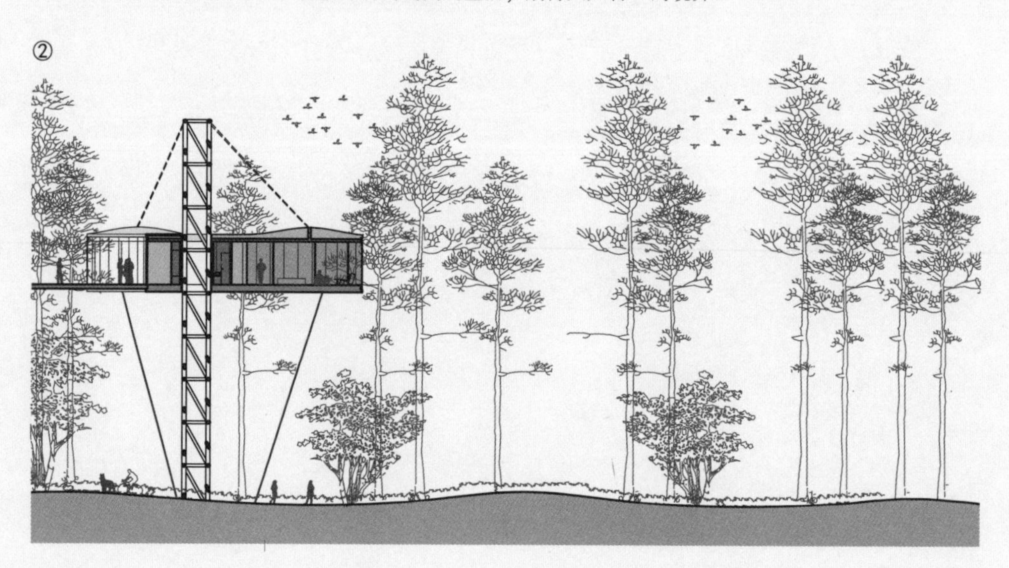

③

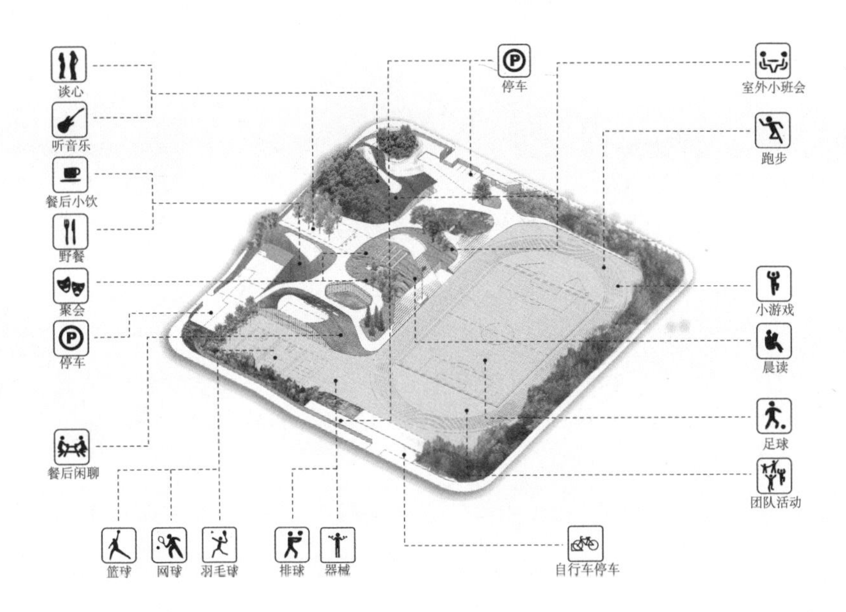

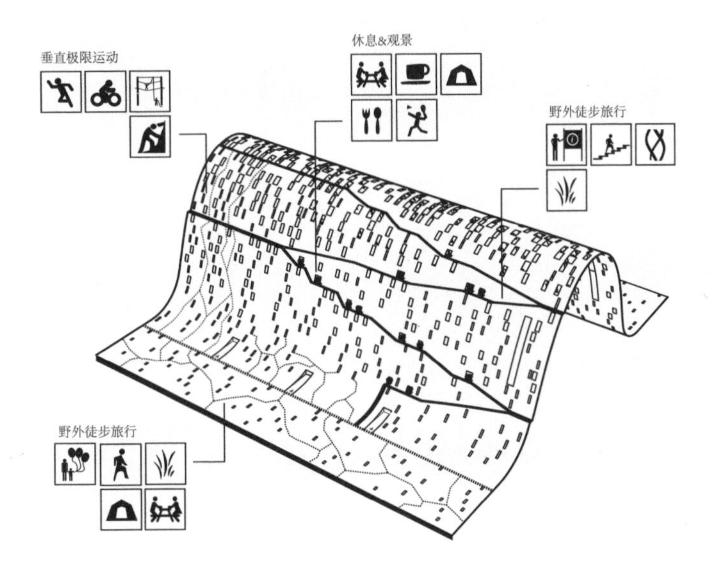

③田园学校

根茎状的教学建筑以一个连续自由的形态漂浮在屋顶的农田和地面起伏的生态花园之间。“农田+花园”形成丰富的自然形态和多层次的社交空间。教与学将在充满自然的环境中展开，而不仅仅发生在课堂里。

④大地空间

飞艇库的结构从土地里升起来，仿佛是地质表层被挤压而后隆起，形成的空腔容纳飞艇机库。这“自然”地貌与基地融洽结合，成为森林山脉景观生态系统的一部分。升高的“山丘”不仅容纳飞艇，也是可使用的自然景观。登山小径，极限攀登运动，景色观赏点被设置在地貌形态的外表面，为周边带来有意义的休闲项目。

⑤

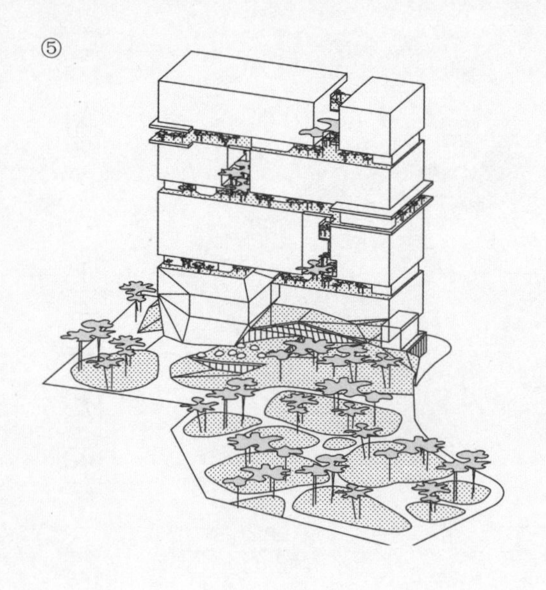

⑥

⑦

⑧

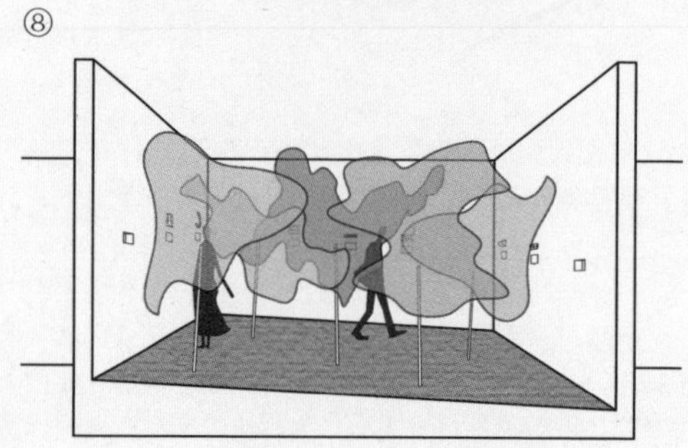

⑤海洋中心

传统的合院式的书院，在这里转化成了垂直校园。地面的绿植景观，沿着海洋楼里各中心之间的“空隙”垂直攀升，一直延续到可以眺望远山的屋顶花园。这些垂直绿化和共享空间，成为不同中心的研究者们休憩、偶遇、头脑风暴的场所。

⑥能源中心

在一个大体量高密度的实验楼里，插入了两个水平的花园层,打破单调重复的实验室空间。空中花园建立起一个新的地平，让高层上的研究人员不再被“束之高阁”。

⑦歌华营地体验中心

建筑与自然融为一体，内部空间相互开放，并与室外连通，形成开敞流动的空间体验。屋顶覆土绿化，这样全部的基地面积都被利用起来，成为室外活动场地，这对青少年营地是非常重要的一个方面。

⑧公·园系列-深圳双年展

“立面”消失，空间被恢复到一种“未建设”之前的“自然”状态，抛光不锈钢墙面的反射，将这片自然更深地延展。电镀镜面的建筑模型也完全融入到墙面的“自然”映像里，七个建筑的故事通过与“自然”映像在同一个平面上的七个影像来讲述。这个展览装置以一种反建造的姿态，来探索建造与自然的关系。

⑨

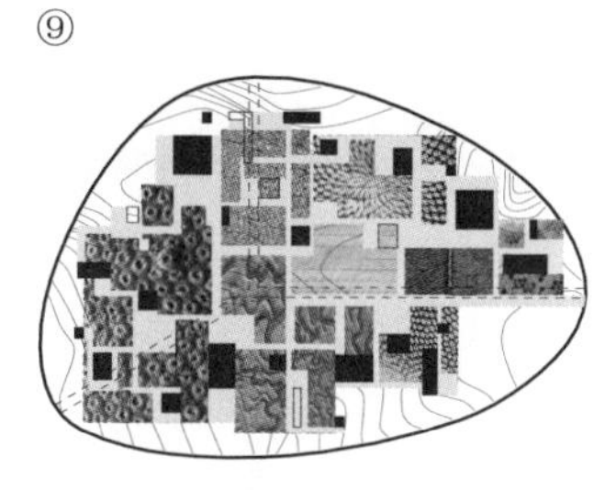

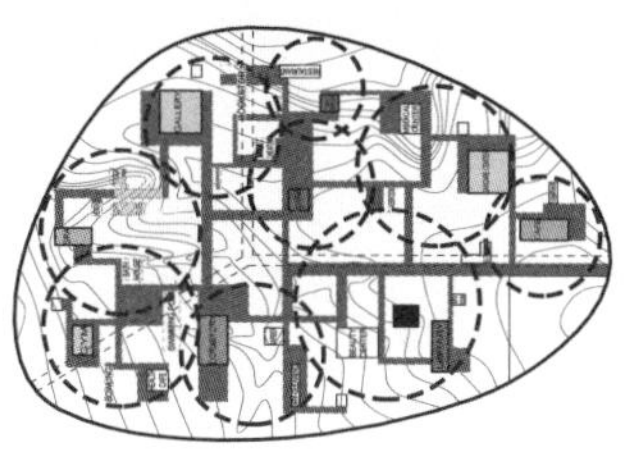

⑨鄂尔多斯穹顶

受1968年巴克·富勒（Bucky Fuller）在曼哈顿的穹顶设计启发，这个生态穹顶笼罩和保护起鄂尔多斯特殊的地貌，建筑以小尺度的聚落形态，散布在原生的地形中，以对基地最小的干扰提供一系列丰富的公共服务功能。泡沫之后，回复自然。

⑩包头时代广场展示中心

位于城市绿化带里，建筑屋面成为起伏的地面的一部分。在与城市主干道相交的街角，地面缓坡升起，形成建筑的覆土屋面，其上种植适应当地气候的地被植物及高草。一条竹木小径将人引入城市中难能可贵的一片绿化休憩广场。五个大小不一的庭院穿透屋面，种植不同的树木，又将自然从屋顶引入室内。

⑩

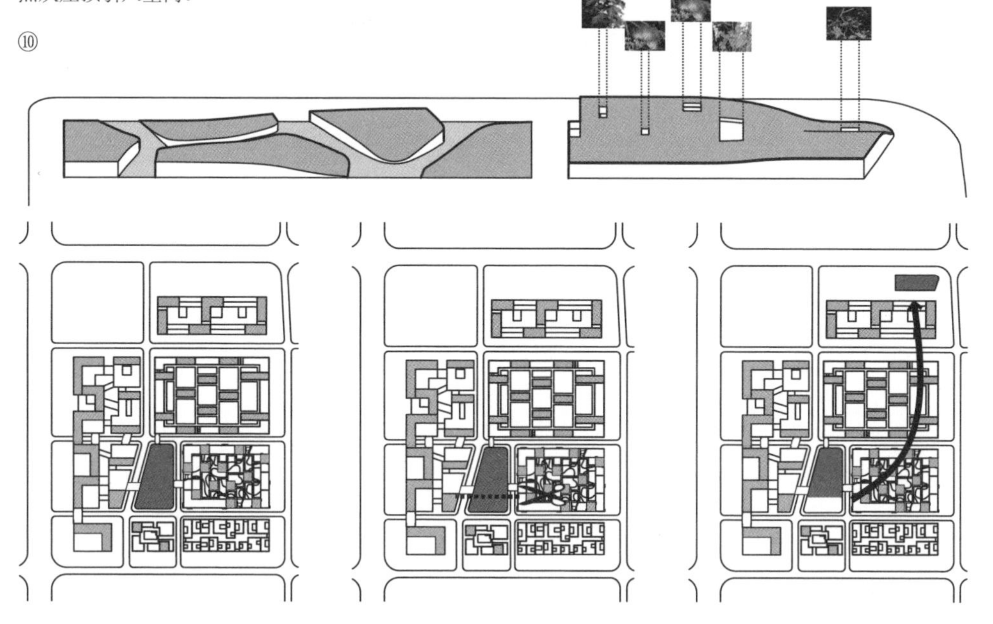

N

STEPPED COURTYARDS
退台方院

福州 2013

此项目为网龙公司新总部的员工宿舍，基地位于距海边不远的一片未开发的处女地，既没太多的周边环境，也没有明确的边界。OPEN 希望通过创造一种内向的、相对独立的“集体公社”，来形成强烈的社区意识。三个形似客家方土楼的合院状的建筑以不同的角度被布置在基地上，共同组成了新的网龙公社。

根据周边不同的景观和建筑之间的相对关系，三栋房子各自朝不同的方向退台，为居住者提供一系列共享的屋顶平台。同时也将本来完全封闭的内院朝四周的自然景观开放，既可观山也可望海。公社里的居民可以在这些风景优美的平台上共同享受他们工作之外的闲暇时光。交通流线设置在内院，并与所有共享平台相连。

为了方院内外空气的流通和居住者的便利穿行，三座建筑被架空在地面之上。这里，地面高低起伏，形成复杂几何形态的土丘，既支撑起上面的建筑，又容纳宿舍配套设施，如健身房、洗衣房、食堂、便利店，被安置在这些景观土丘中，店面朝向中心庭院。

集体生活和现实的社会交往对于这些每天身心投入于创造虚拟世界的网游公司员工有格外的意义。曾经的社会主义集体生活在新的情境中被重新阐释。更重要的是，不同职位的员工在这个公社中平等地居住在一起，分享相同的资源和公共空间，这是新时代一种企业文化的变化和人文的进步。

左图：区位总图

左图：黄昏鸟瞰 | 右上及右下：室外空间

上图：总体轴测

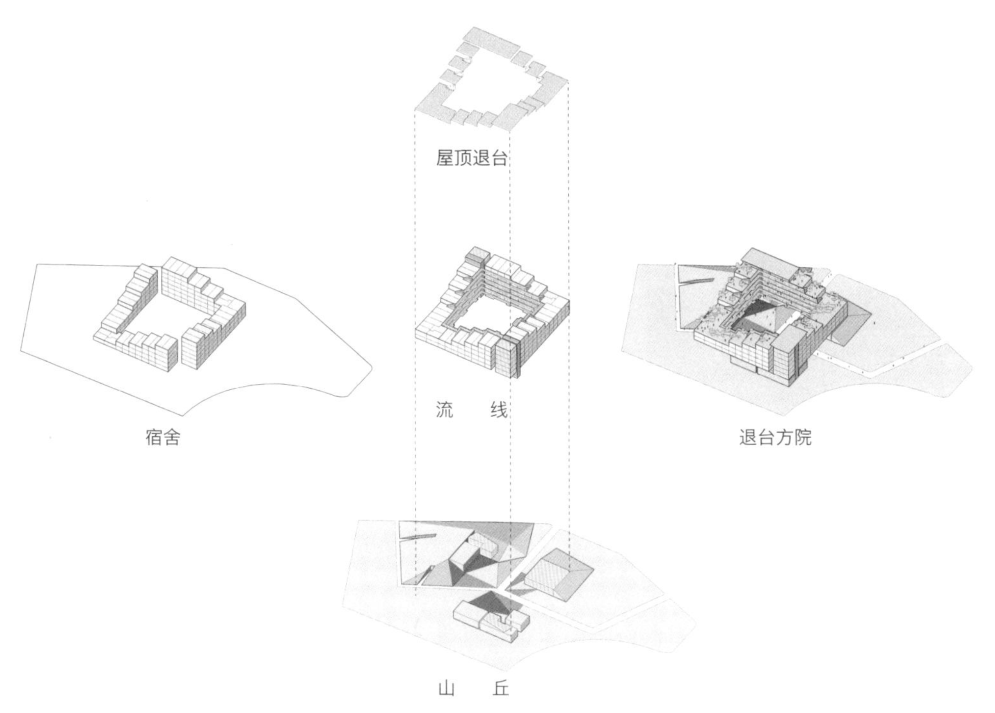

上图：模型照片 | 下图：概念图解

OPEN 建筑事务所将土楼典型的圆形变为正方形，较之建筑形态，事务所更注重建筑的社会意义。李虎说：“我在集体住宅的环境中长大。房屋的质量不高，但却营造出了一种社区环境。我希望将这种住宅类型以更高的标准找回来。”在这里，网龙的员工可以在现实生活中体会到近乎他们在虚拟世界中密切的沟通交流。每一个方形合院都是一个开放的公共空间，453 间房间里基本都有共用的客厅及厨房。合院的诸多角落位置——方形建筑物的额外空间——是公共空间和户外平台。每一个方形合院被切割后的位置设计成了平台，即退台。所以 OPEN 建筑事务所的“退台方院”中多样化的退台诞生于对每一个建筑物在不同位置的切割。

—— 克莱尔 · 雅各布森（Clare Jacobson）

——节选自 2014 年 10-11 月《建筑评论》（ARCHITECTURAL REVIEW）亚太版

上图：庭院入口 | 右图：入口

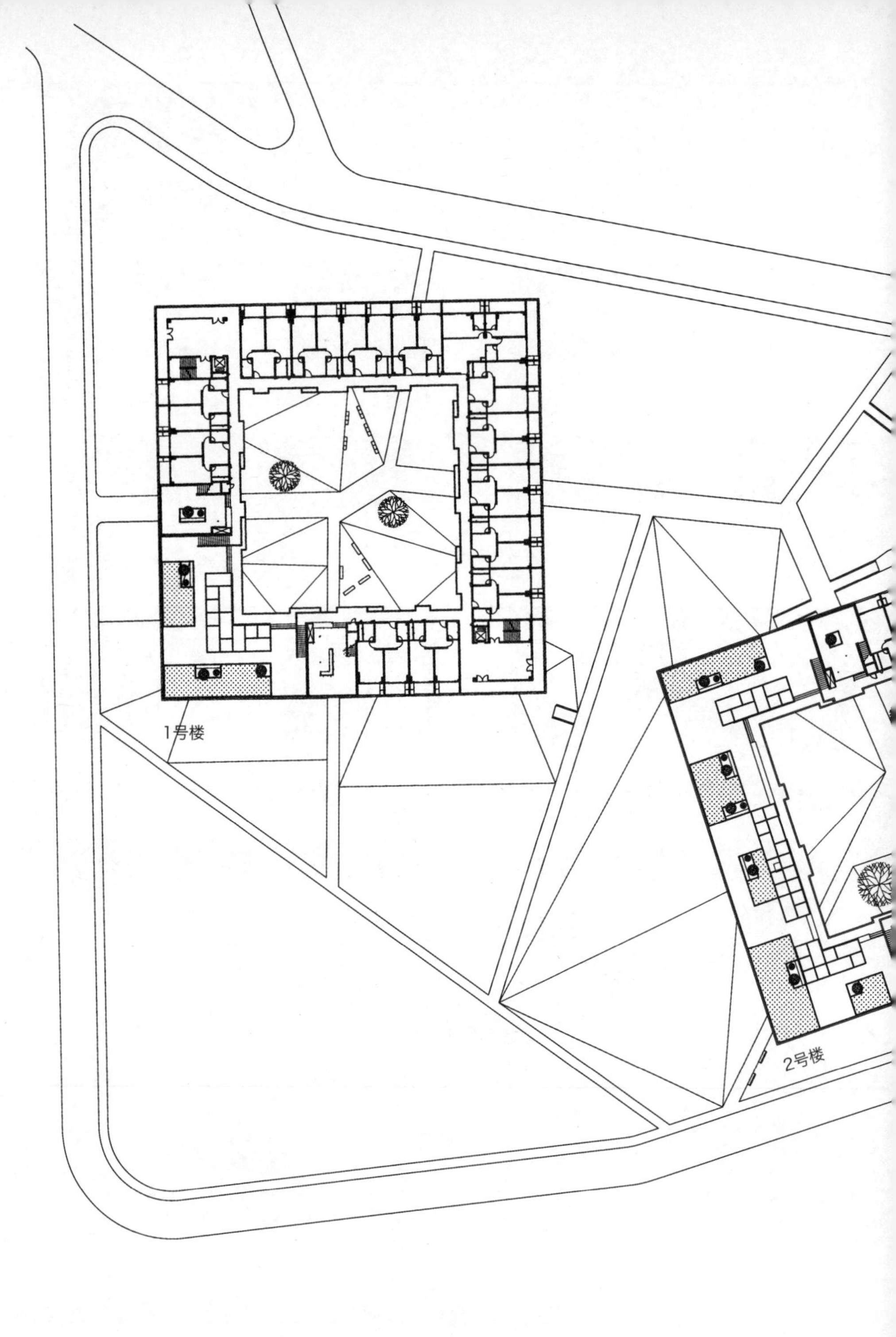

五层平面

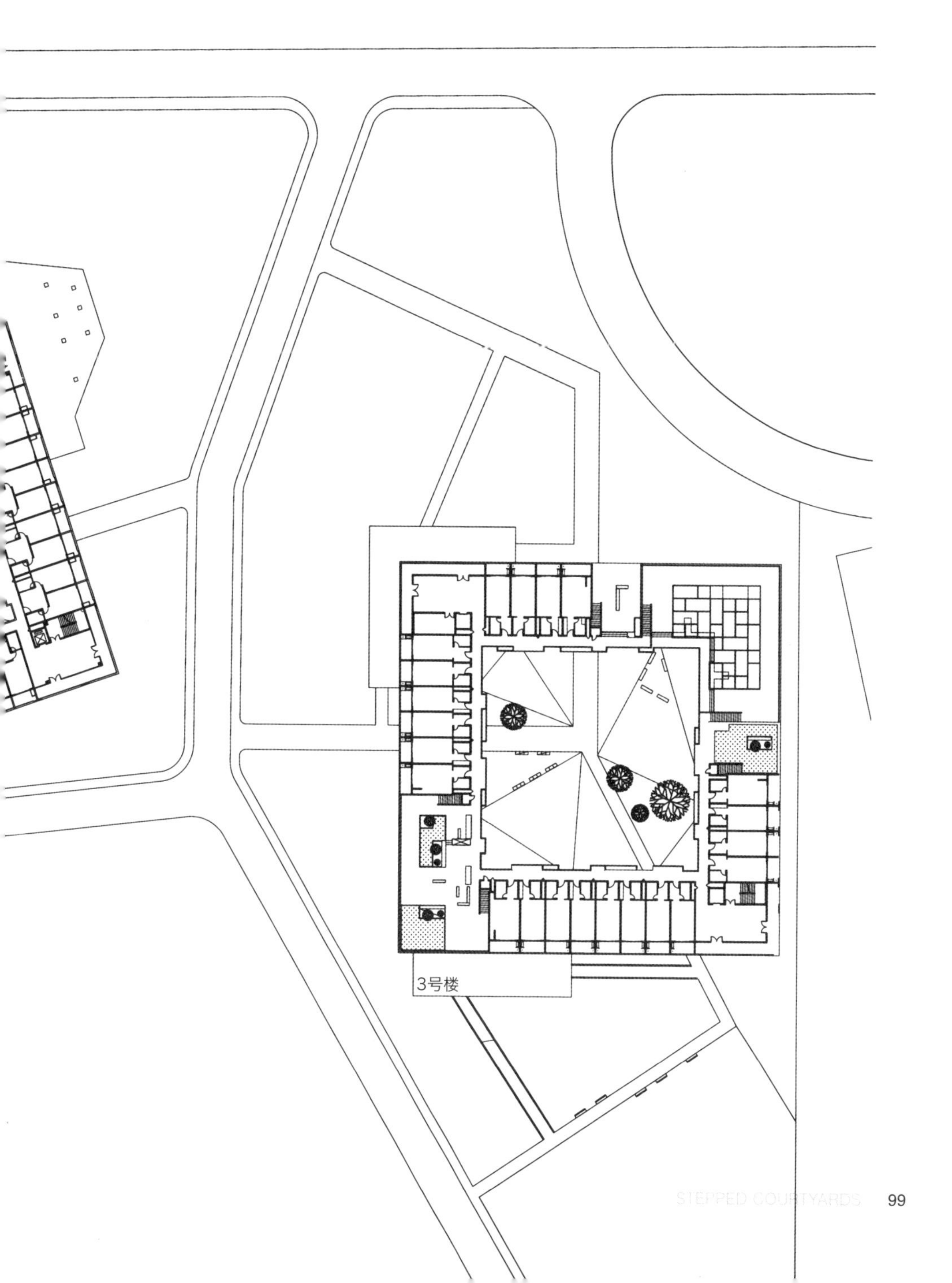
3号楼

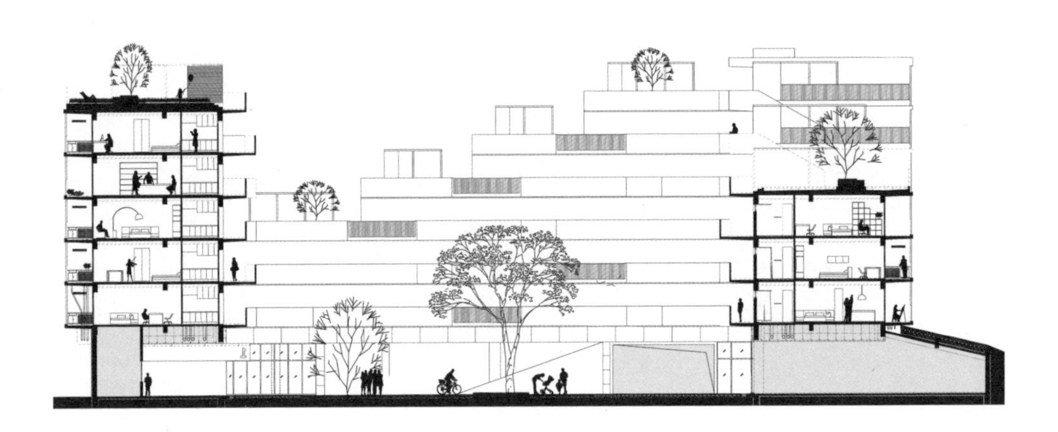

左上：剖面图 | 左下：入口门厅 | 右图：庭院

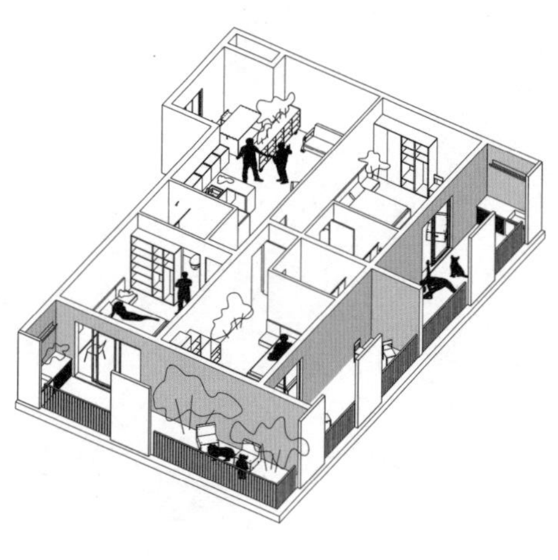

左上1：宿舍外阳台 左上2：宿舍单元图解
左下及右图：面向庭院的内阳台

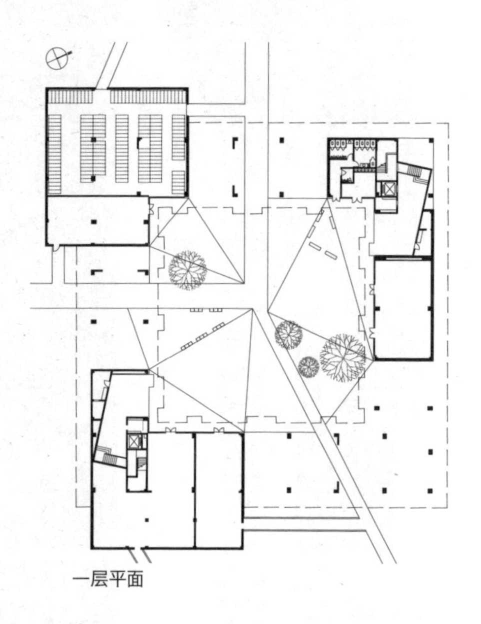
一层平面

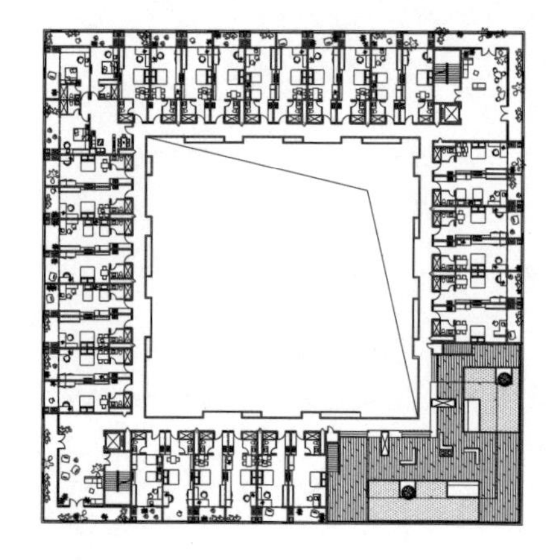
四层平面

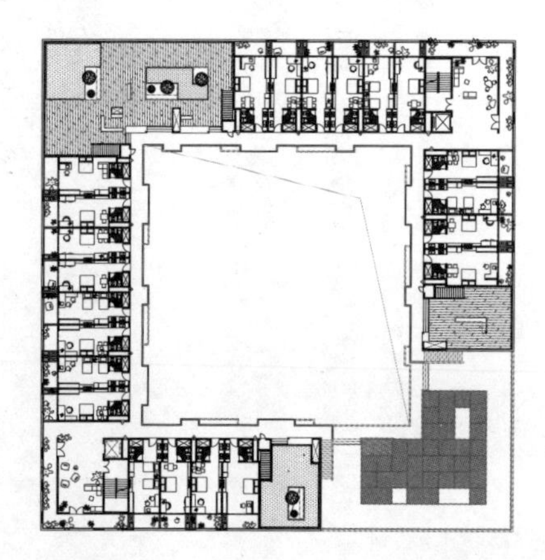
五层平面

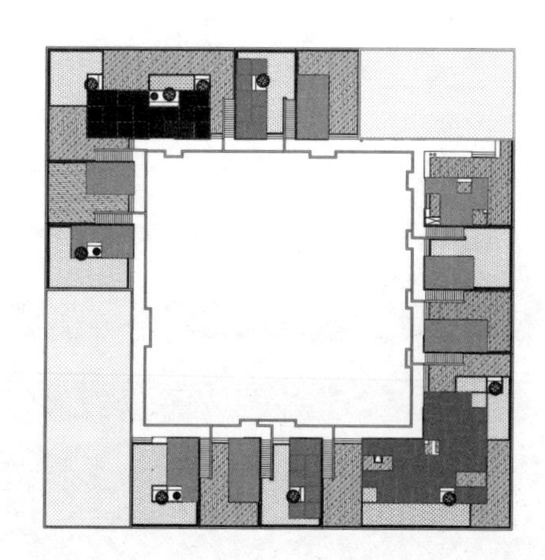
屋顶平面

上图：内走廊 | 下图：外阳台

OPEN COMMUNITY
社会生活

我们都生活于建筑里。当人们进入、通过或是使用时，建筑通过空间，在人与人之间建立起关联，瞬时的或是长久的，不管是陌生人、家庭或是同事。建筑，将时间、空间、光线，编织成关于生活的戏剧，人们是其中的演员和观者。建筑因为人而有了情感，有了温度，有了生命。

我们在建筑中创造机会，让人们相遇、交流或者仅仅是互相看见，有些是计划之中，有些是偶然之遇。启示、友谊、想法、学习、教育，都来自这些人们的相遇。这就是，社会生活的意义。

建筑与人的关系以及建筑作为载体所容纳的社会生活，对 OPEN 来说，是空间创作的实质。我们尝试通过创造性的策略去营造公共空间：不管是将建筑抬升起来，把地面留给任何人都能进入的花园；还是在单一功能的设施中植入共享的活动空间；或是模糊空间的边界让空间流动起来……OPEN 着力于创造动人的、全新的空间形式，创造性地重新组织现代的社会生活，同时也使之适应中国文化和社会的需要。我们为空间注入愉悦与诗性，在微观和细节的层面上，体现对人性的感知和关怀。

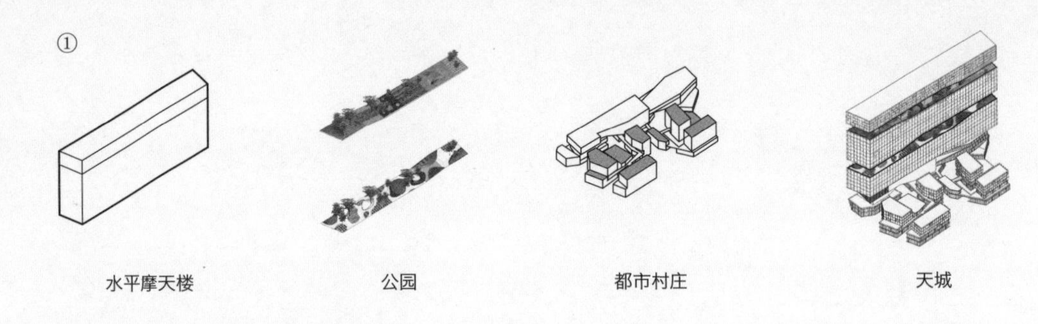

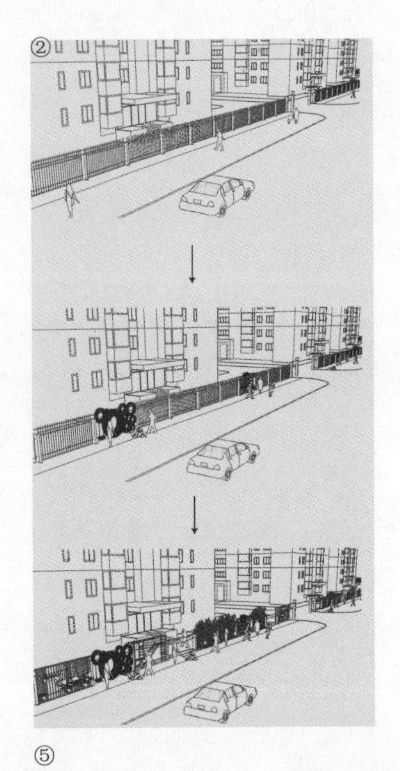

①武汉天城

摩天楼由三个水平的板楼抬升并且叠加起来，其间是两个巨大的空中花园。这些空中花园及其中的服务设施将生活和自然重新带回了都市的超高层，给使用者提供交流和享受自然的空间。

②红线公园

设想未来的城市，每个住区的外面都是公园。小朋友们不用等到周末才能上公园；累了的路人可以随处坐下休息；退休的老人可以随时找到下棋遛鸟聊天的去处；带着疲倦回家的人们可以顺便放松紧张的神经；热爱健身的人们可以就近一试身手；公园成为每个人生活的一部分，而不再是地图上几块抽象的绿色。

③退台方院

宿舍位于距海边不远的一片处女地，没有明确的边界和领域感。三座方形合院建筑共同构成一个内向的相对独立的“集体公社”。每栋房子向不同的方向退台，为居住者提供一系列共享的屋顶平台。集体生活和现实的社会交往对于每天身心投入于创造虚拟世界的网游公司员工格外有意义。

⑤

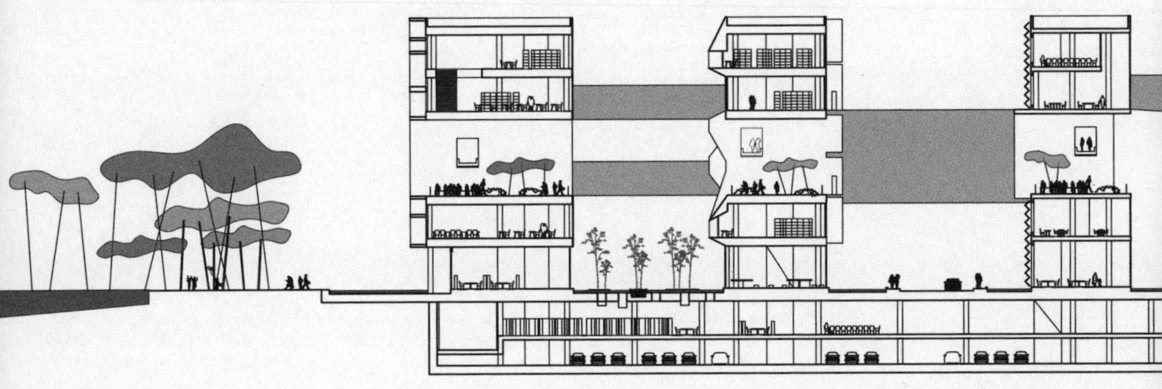

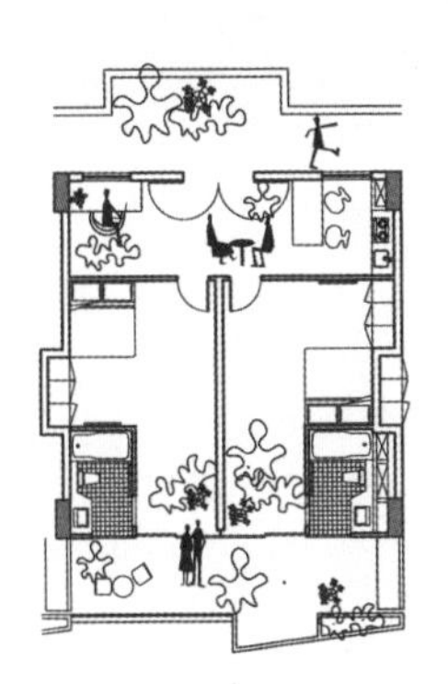

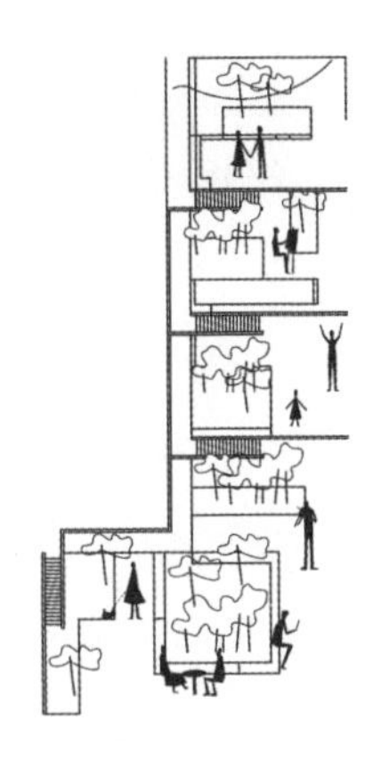

④流动快乐站

为那些在城市中缺失快乐的人们，OPEN设计了一种新的服务方式：将可开合的空间装置放在不同尺度的交通工具上成为移动站点，把活动与服务直接带给他们。这些移动站点，在可能的街头巷尾停靠，展开它上面的灵活的车载建筑，就能变身为一个临时的乐园。

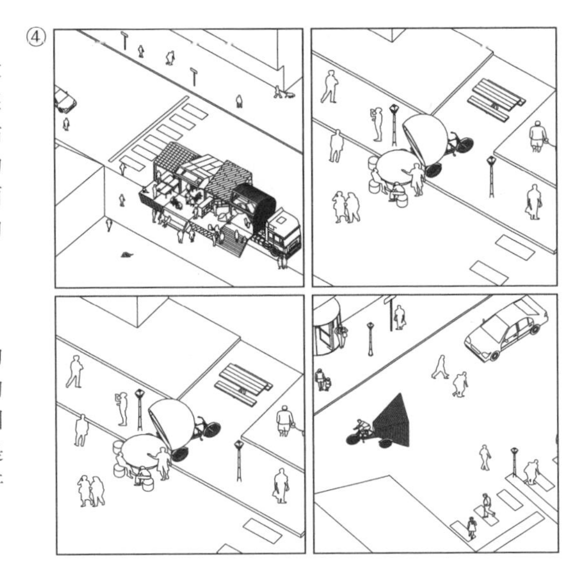

⑤北京城市学院校园中心

一个新型现代大学的中心主楼，一栋多孔的开放的建筑，融合知识、艺术与公共生活的复合功能，将帮助建立充满活力的现代校园生活。知识和艺术是相通的，有形的空间是形而上的意识的物质表现。交流和互动，开放与自由，是建筑营造的场所精神。

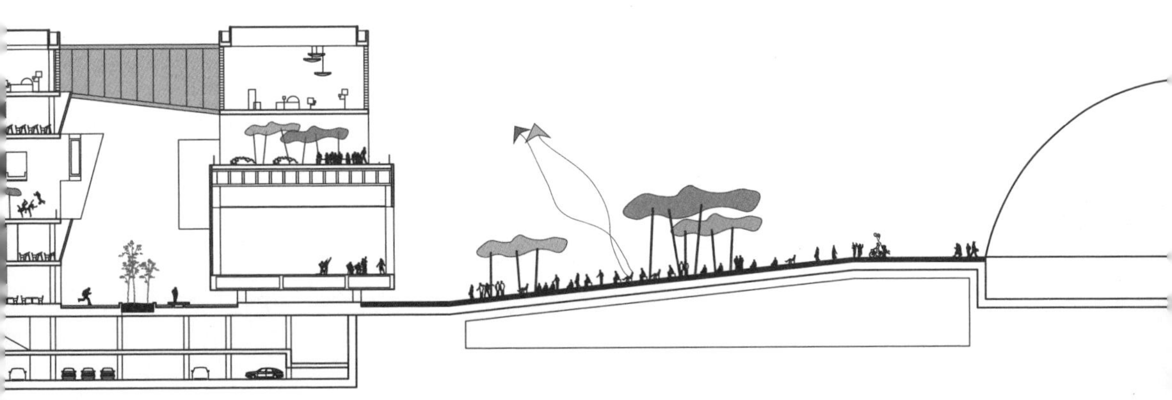

⑥

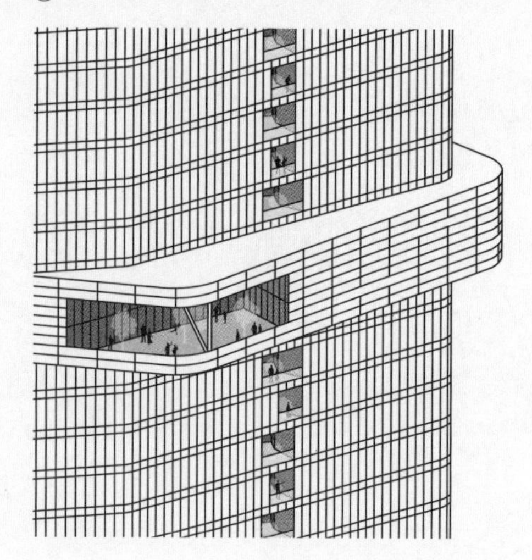

⑥融科天城

一个漂浮的公共空间体量被置入在100m的高空中。它微微地与塔楼体量错开以尽收长江的景色。这个公共空间可以在高空中为高层的使用者们提供如咖啡厅、休息厅等服务设施，而不再让高层的使用者们与城市和街道生活隔离开来。

⑦田园学校

大量的社会交往空间，不同的尺度、不同的私密性、富含情感内涵的空间，鼓励使用者在学校里漫步、玩耍、相遇。教室被延伸到户外，活动被带入室内。在提高空间使用效率的同时， 也使得学习成为富于乐趣的一种生活方式。

⑧鄂尔多斯穹顶

在利用最少资源并对环境造成最小影响的情况下，创造最大化的集体效益和幸福感。这里可以庆祝、聚会、社交，并且展示新世纪未来空间的多种可能性。

⑦

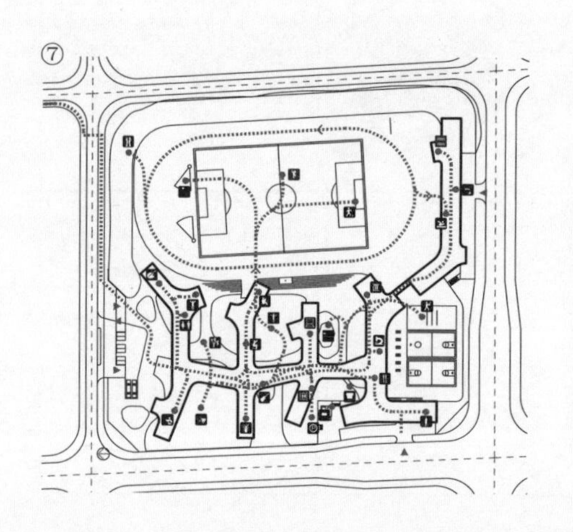

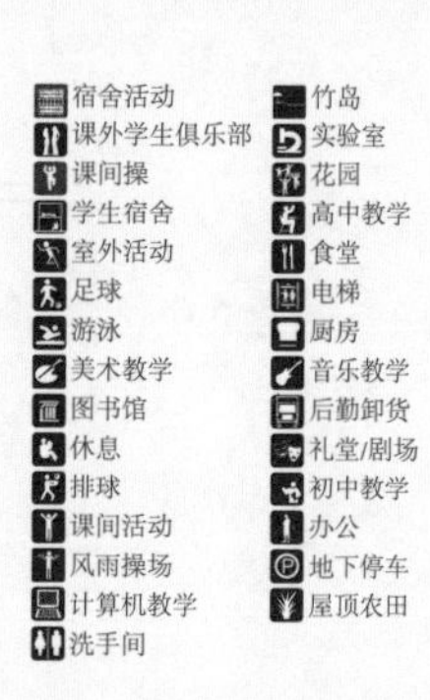

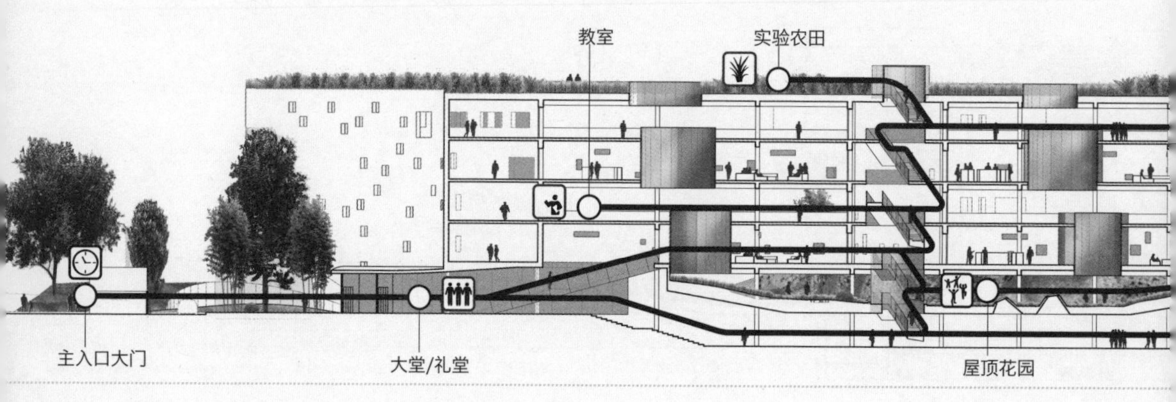

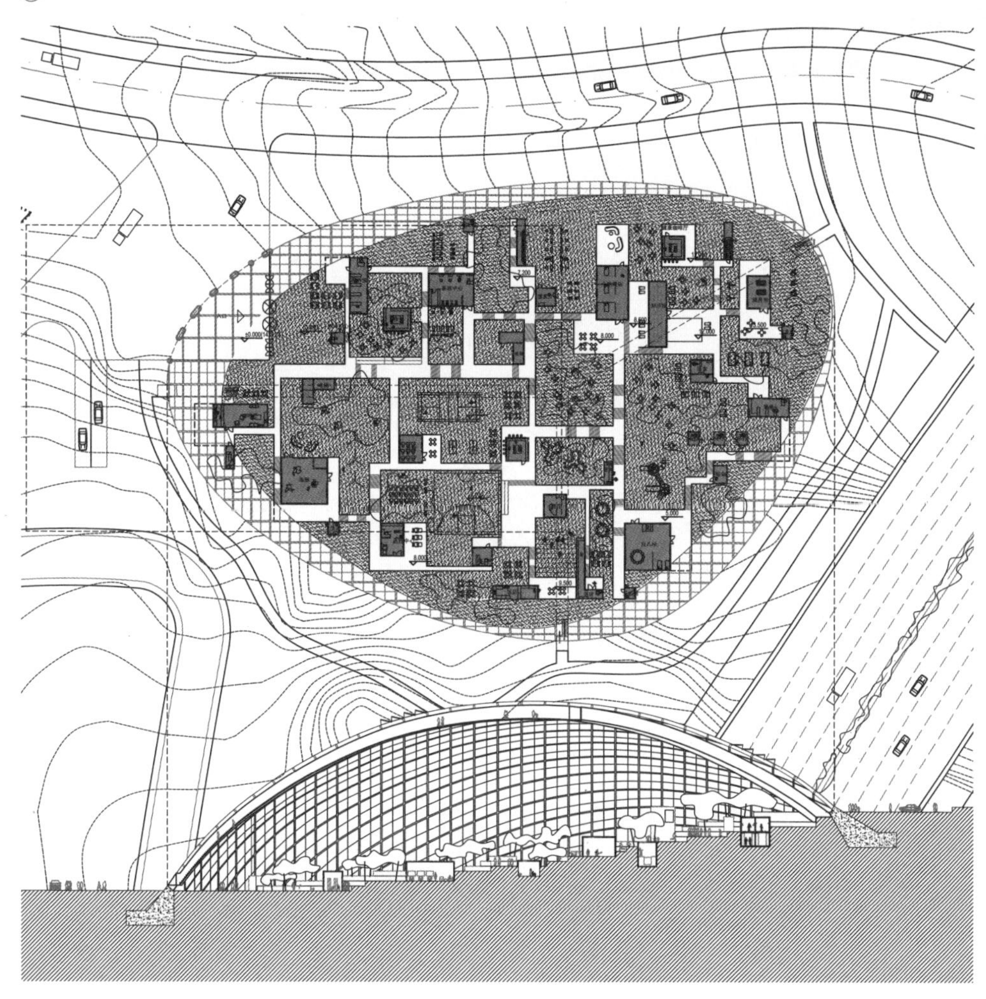

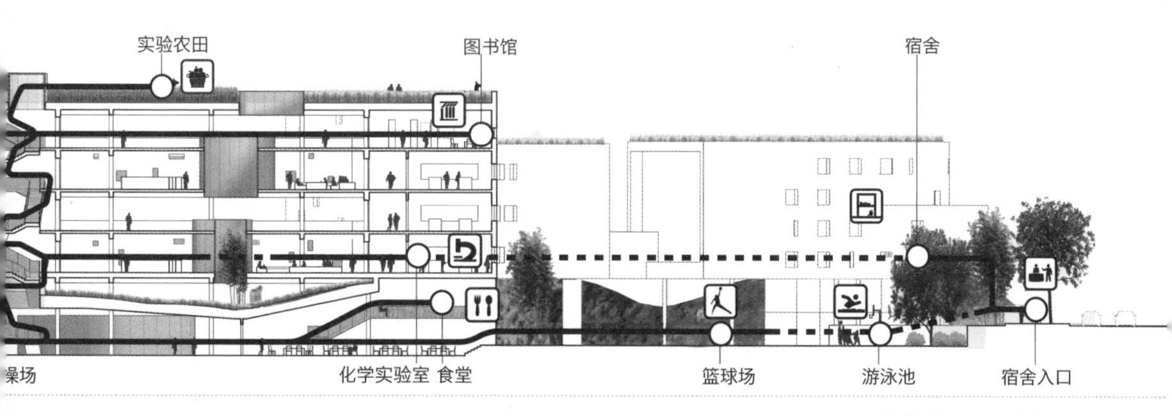
实验农田
图书馆
宿舍
操场
化学实验室
食堂
篮球场
游泳池
宿舍入口

N

GARDEN SCHOOL / BEIJING NO.4 HIGH SCHOOL FANGSHAN CAMPUS
田园学校/北京四中房山校区

北京 2014

这个占地4.5公顷的新建公立中学位于北京西南五环外的一个新城的中心，是著名的北京四中的分校区。新学校是这个避免了早期单一功能的郊区开发模式、更加健康和可持续的新城计划中重要的一部分，对新近城市化的周边地区的发展起着至关重要的作用。

创造更多充满自然的开放空间的设计出发点——这是今天中国城市学生所迫切需要的东西，加上场地的空间限制，激发了我们在垂直方向上创建多层地面的设计策略。学校的功能空间被组织成上下两部分，并在其间插入了花园。垂直并置的上部建筑和下部空间，及它们在“中间地带”（架空的夹层）以不同方式相互接触、支撑或连接，这既是营造空间的策略，也象征了这个新学校中正式与非正式教学空间的关系。

下部空间包含一些大体量、非重复性的校园公共功能，如食堂、礼堂、体育馆和游泳池等。每个不同的空间，以其不同的高度需求，从下面推动地面隆起成不同形态的山丘并触碰到上部建筑的“肚皮”，它们的屋顶以景观园林的形式成为新的起伏开放的“地面”。上部建筑是根茎状的板楼，包含了那些更重复性的和更严格的功能，如教室、实验室、学生宿舍和行政楼等。它们形成了一座巨构，有扩展、弯曲和分支，但全部连接在一起。在这个巨大的结构中，主要交通流线被拓展为创建社交空间的室内场所，就像一条河流，其中还包含自由形态的“岛屿”，为小型的群组活动提供半私密的围合空间。教学楼的屋顶被设计成一个有机农场，为36个班的学生提供36块实验田，不仅让师生有机会学习耕种，还对这片土地曾作为农田的过去留存敬意。

两种类型的教育空间之间的张力，及其各自包含的丰富的功能，造就了令人惊讶的空间的复杂性。为每类不同的功能所做的适合其个性的空间，使得这个功能繁杂的校园建筑具备了城市性的体验。与一个典型的校园通常具有的分等级的空间组织和用轴线来约束大致对称的运动所不同，这个新学校的空间形式是自由的、多中心的，可以根据使用者的需求从任意可能的序列中进入。空间的自由通透鼓励积极的探索并期待不同个体从使用上的再创造。希望学校的物理环境能启发并影响当前中国教育中一些亟需的变化。

左图：区位总图

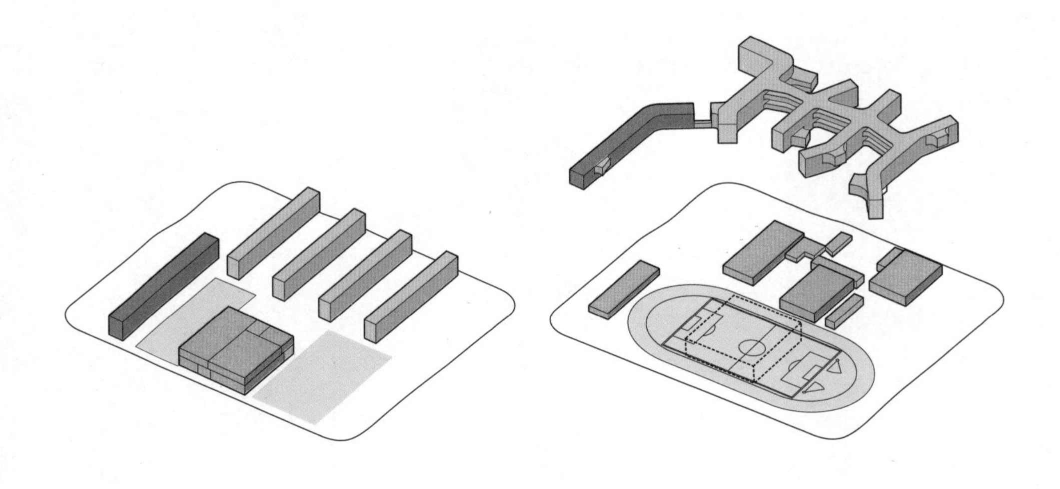

功能体量　　　　　　　　　　　　功能组织

相对于传统校园中等级分明的空间组织和由轴线约束的单一路线，房山校区通过多中心且互相渗透的空间，鼓励使用者进行积极的探索，期待个体根据自身需求开发创造出不同的行为路线。它不同寻常的“复杂”事实上提示着一种反思：我们究竟希望培养什么样的学生？是每一部分人都能够清晰地意识到自己的“领地”，重复每一天不变的路线，还是与之相反，因为领地不明确而有了更多的融合与交流，因为路线的不肯定而有了更多的可能与探索？这个问题的背后其实隐藏着一个更为基本的疑问：校园空间有可能帮助塑造新型的师生以及学生个体之间的关系吗？建筑还可以塑造人吗？我们还可以这么相信吗？对于OPEN建筑事务所来说，这是不争的事实。“我们依旧相信建筑（拥有）可以改变世界的力量，而且是举足轻重”。为了这种改变，人与人之间如何结合以及连结成一种什么样的共同体需要被重新思考。具体来说，当学生离开家庭，在这里学习一种新的组

上图：概念图解

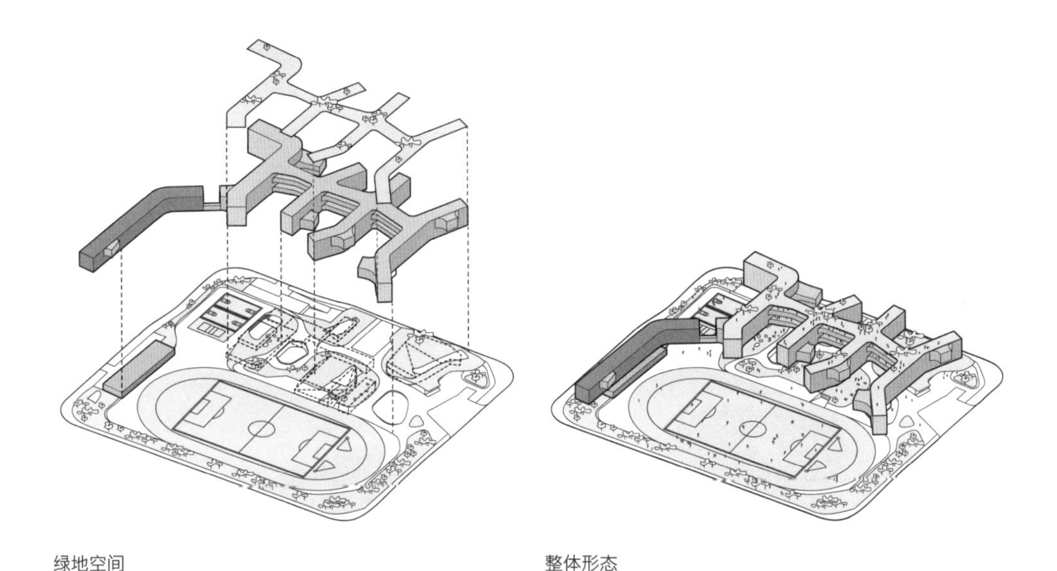

绿地空间　　整体形态

织和社会方式的时候，建筑可以在其中发挥怎样的作用，是潜藏在设计中的一个根本性问题。虽然学校具有相对的自足性，但是在这里，人与人之间的连结还溢出了校园：置于入口第一排教学楼顶层的图书馆，以及在底层右边的报告厅，还有校园最南侧的游泳馆，都可以独立使用，从而在假期中学校的教学设施关闭的时候，它们可以服务于社区的人群。房山校区不仅重新定义了学校的生活空间，还塑造了一种新型的学校与社区的关系，在更大的范围内尝试了共同体的塑造。

——史永高，《建筑的力量》

节选自2014年11期《建筑学报》

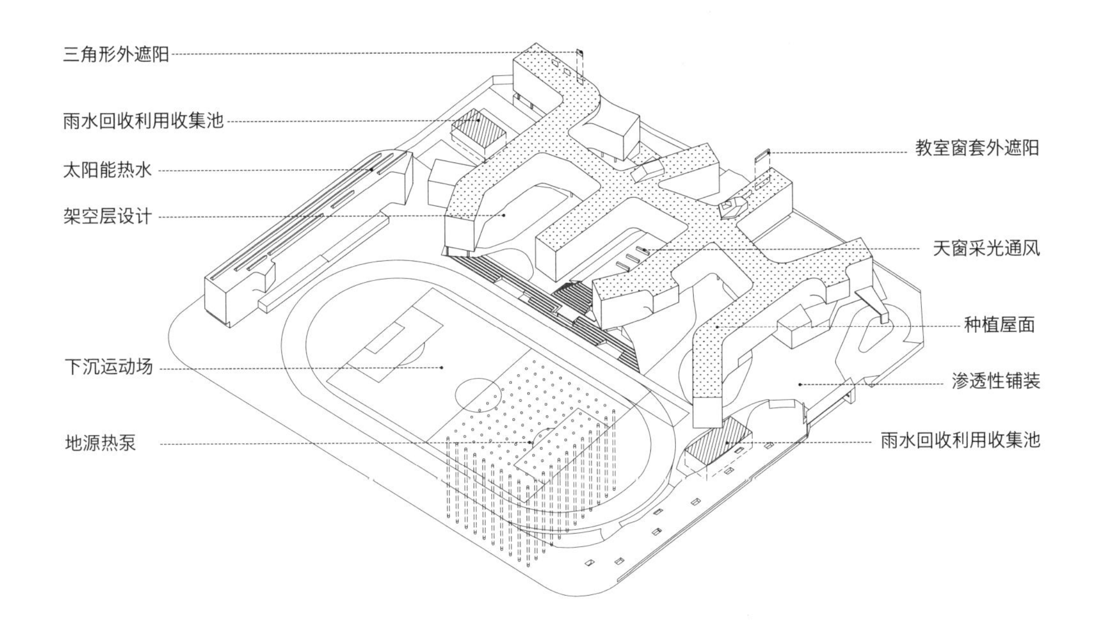

这个项目是中国第一个获得绿色建筑三星级认证的中学(其标准超过LEED金级认证)。为了最大化地利用自然通风和自然光线，并减少冬天及夏天的冷热负荷，被动式节能策略几乎运用在设计的方方面面中，大到建筑的布局和几何形态，小到窗户的细部设计。地面透水砖的铺装和屋顶绿化有助于减少地表径流，三个位于地下的大型雨水回收池从操场收集宝贵的雨水灌溉农田和花园。地源热泵技术为大型公共空间提供了可持续能源，同时独立控制的VRV机组服务于所有单独的教学空间，确保使用的灵活性。整个项目使用了简单、自然和耐用的材料，如竹木胶合板、水刷石（一项正在消失的工艺）、石材和暴露混凝土等。

左图：模型照片 | 右图：绿色设计图解

上图：室外楼梯及操场看台 | 右图：竹园上方及食堂

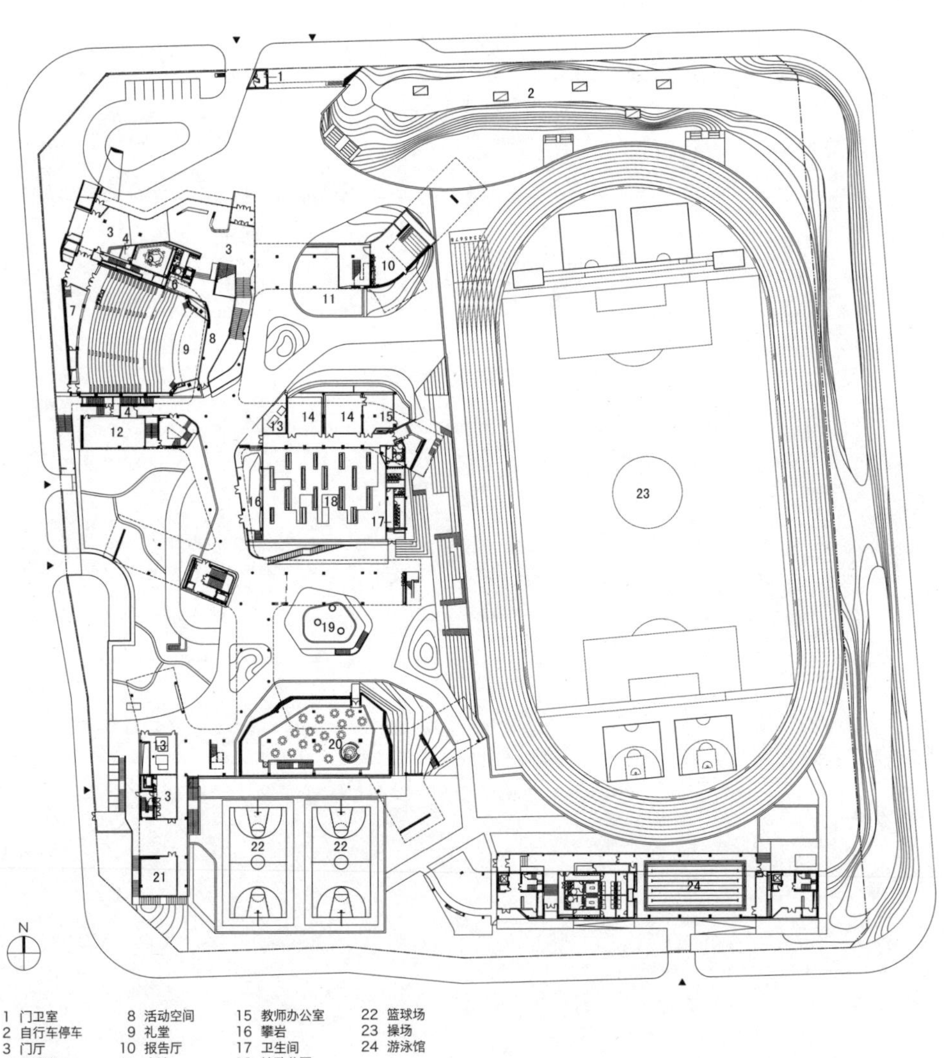

1 门卫室
2 自行车停车
3 门厅
4 储藏室
5 贵宾休息室
6 小卖部
7 放映厅
8 活动空间
9 礼堂
10 报告厅
11 水池
12 舞蹈教室
13 设备用房
14 音乐教室
15 教师办公室
16 攀岩
17 卫生间
18 诗歌花园
19 竹园
20 教师餐厅
21 教师休息室
22 篮球场
23 操场
24 游泳馆

首层平面

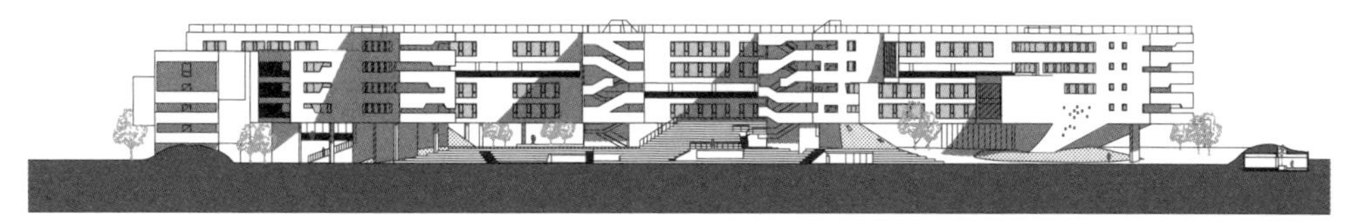
东立面

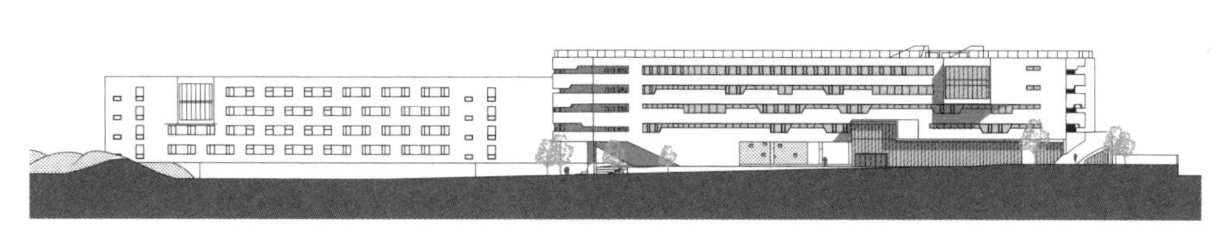
北立面

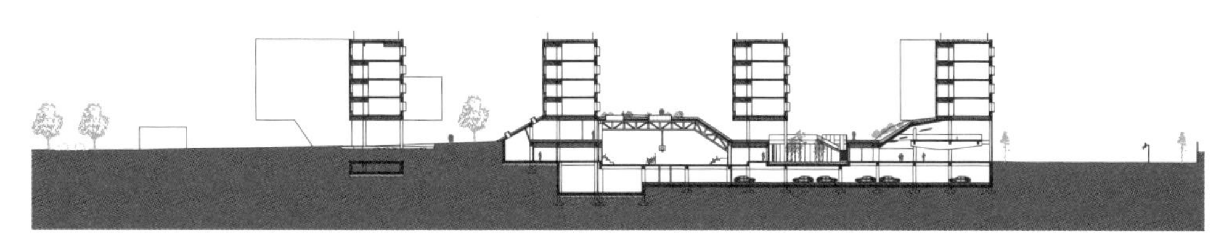
剖面A

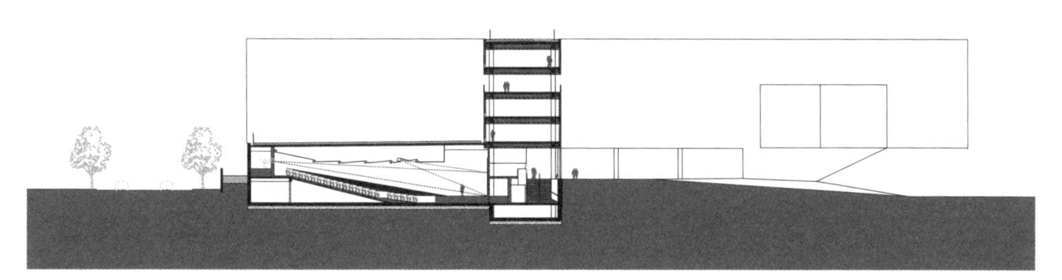
剖面B

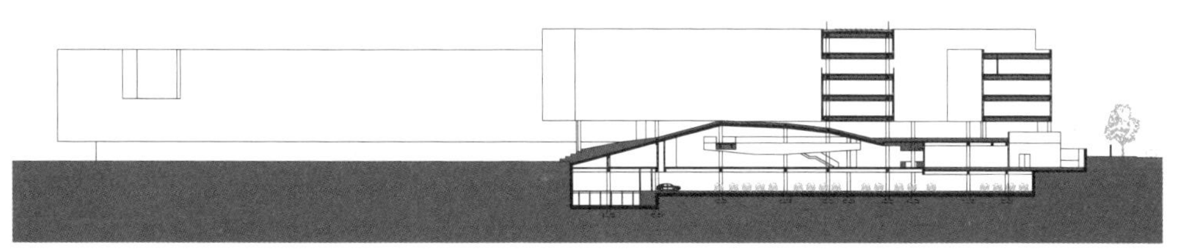
剖面C

立面及剖面图

上图：操场看台和室外楼梯 | 下图：舞蹈教室及花园

夹层空间

上图：入口门厅 | 下图：门厅扶手局部

门厅

门厅是这个巨型复杂建筑中的多个运动方向的起点，向下连接着首层的开放空间和不同的个性教学空间，向上进入四排相互连接的教学楼，向右是可独立对外开放的多功能礼堂，亦有直达顶层的图书馆电梯。门厅还包含一个画廊和一个便利店。

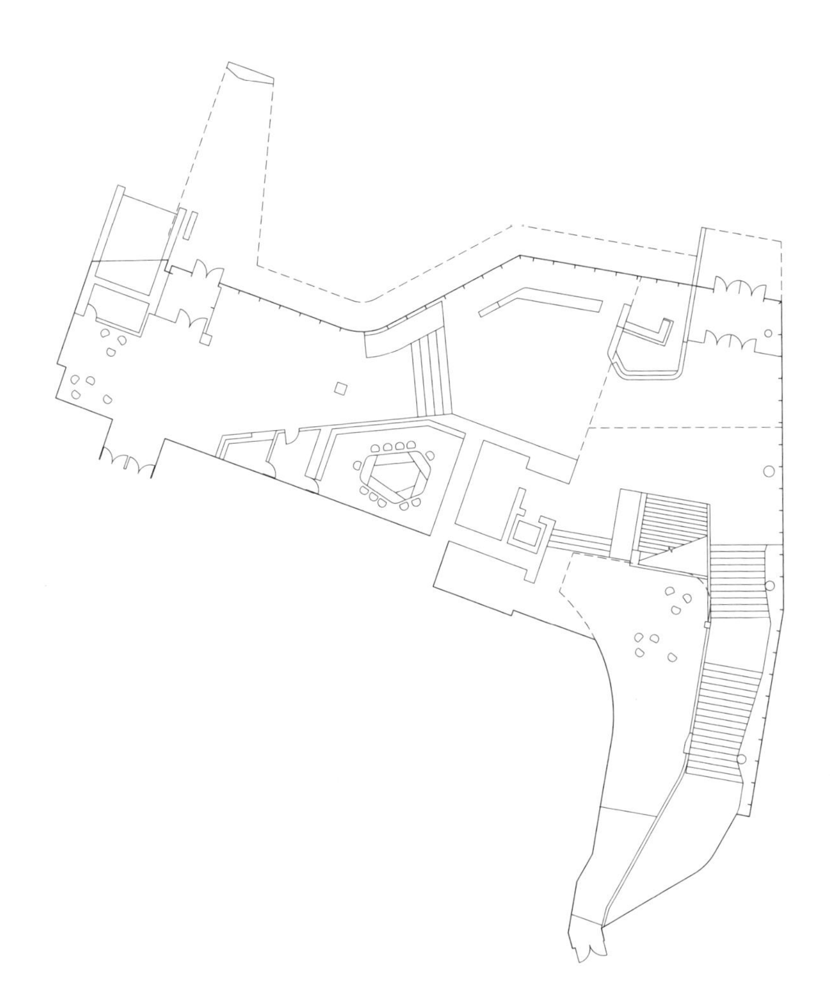

门厅平面

上图：水池喷水口局部 | 下图：报告厅室内

水上报告厅

漂浮在水池上的小报告厅，其阶梯上升的空间形式清晰地反映在室外造型上。侧墙上有趣的不规则布置的一系列小方窗，其实是在结构工程师的严格规则下，在这面剪力墙上能做的最大程度的开洞。这些窗口给小报告厅带来出其不意的喜悦和空间效果。

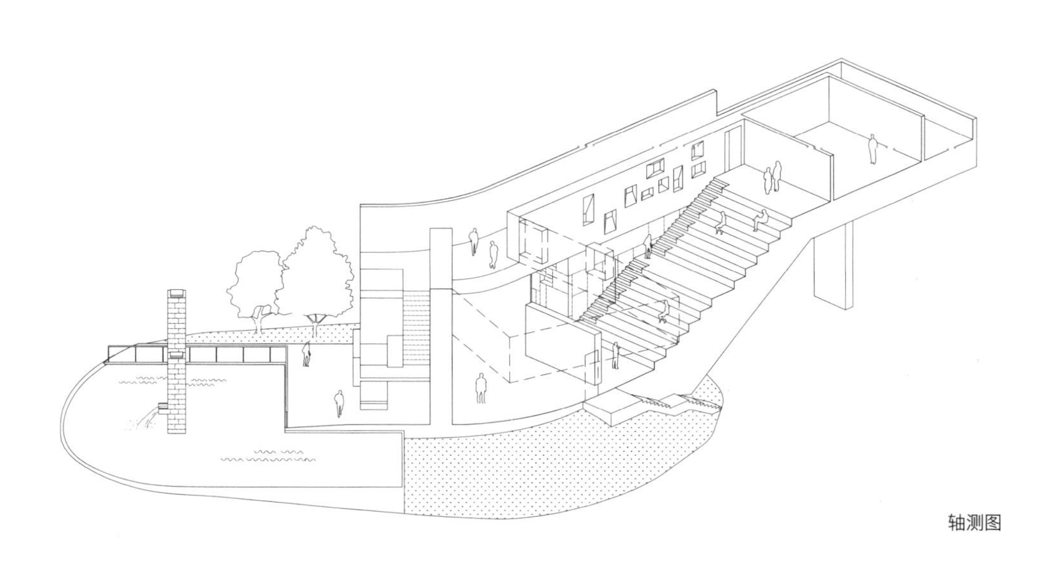

轴测图

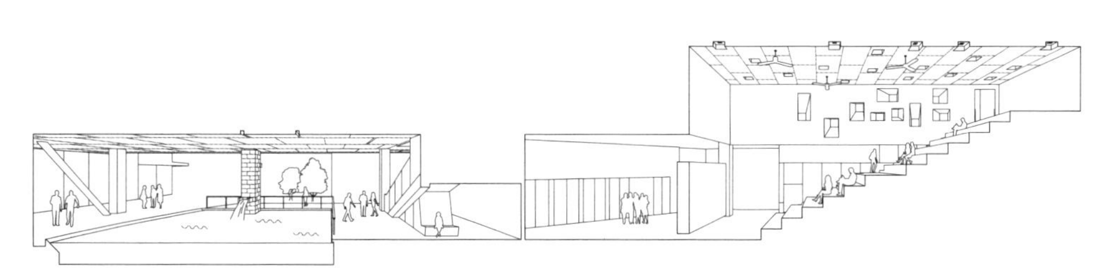

剖透视

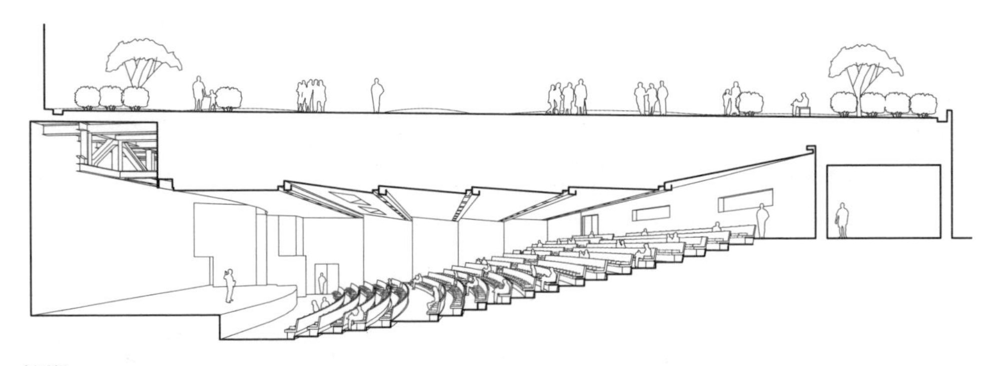
剖透视

礼堂和剧场花园

位于西北侧两支教学楼之间，一片宽阔的扇形平面的草坪被一圈木椅环绕，这是给师生们的剧场花园。花园之下是容纳800师生的多功能礼堂。穿孔竹木为主的室内空间，赋予礼堂温暖近人的亲切感和优秀的声学性能。

上图：剧场花园| 下图：礼堂观众席

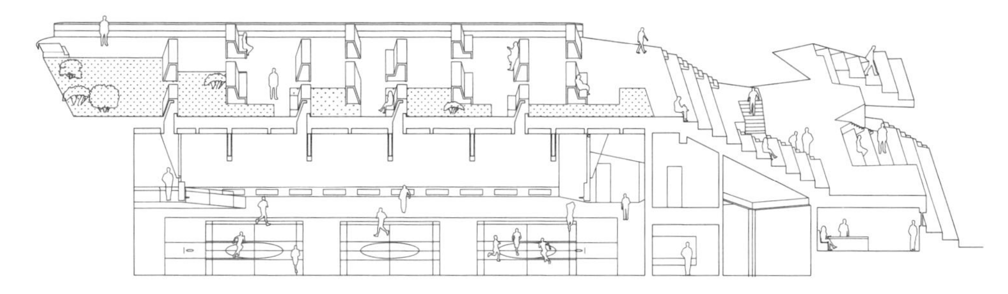

剖透视

风雨操场和诗歌花园

由回收塑木搭建的运动场看台逐级升起，在两支教学楼之间与草地相遇，有韵律地交织并且折起，形成一排排座椅，成为一个诗歌花园。这个花园的下面是风雨操场，座椅也是天窗，将花园里的风和光引入下面的篮球场和羽毛球场。

上图：诗歌花园 | 下图：风雨操场

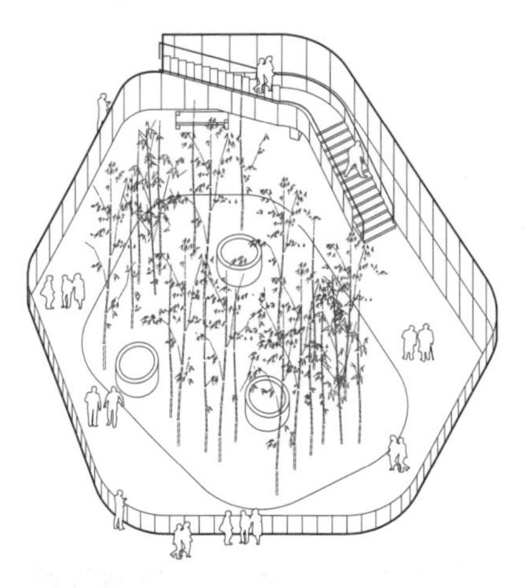
竹园轴测

竹园

下沉的竹园，为四季带来有传统诗书韵味的一片绿色，也给位于半地下的一层公共空间提供充足的自然采光。竹林中的三个彩色天窗，白天将自然光引入地下车库，夜晚又用彩色的光线照亮竹园。

食堂

从室外看，是支撑起实验楼的绿草茵茵的山包。从室内看，暴露混凝土壳体粗犷有力，明确地呈现出空间复杂却又清晰的几何形体。教师餐厅如“阿凡达世界”的浮岛漂游在学生餐厅空间之上，一个天外来物般的“登月舱”成为一个独特的聚会空间。

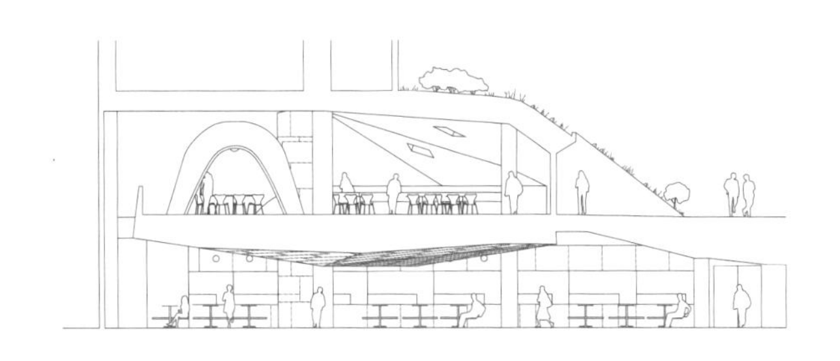

食堂剖透视

岛屿

这些有机形状的半封闭空间，是交通的“大河”中的一些交流的“岛屿”。学生们是这些岛屿的主人，在这里可以演绎四中独特的无人管理开架图书角，可以组织小论坛头脑风暴，可以做小型展览，也可以打乒乓球。学生们创造着空间的可能性。

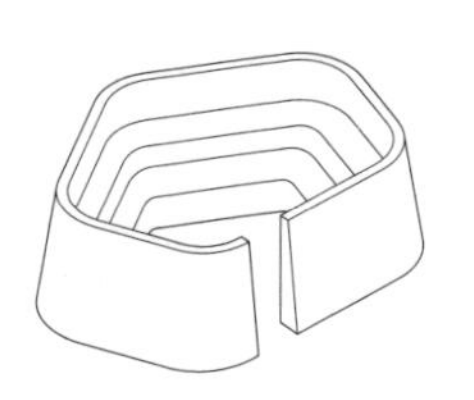
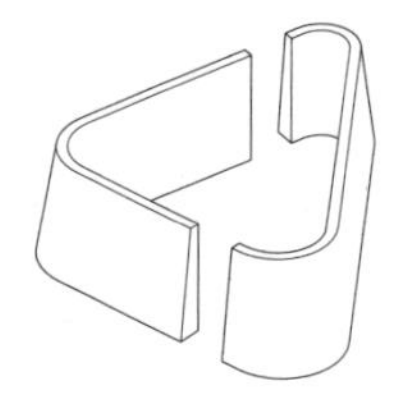
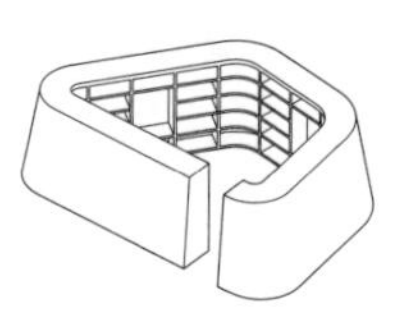
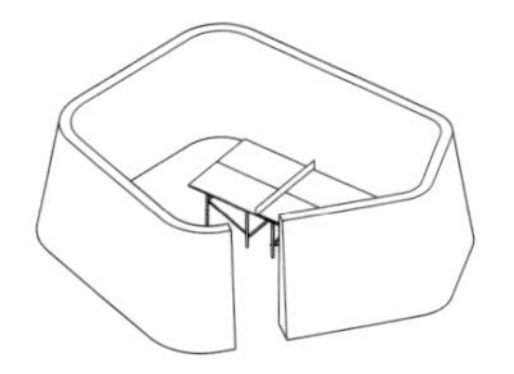

岛屿轴测

图书馆

面对北向柔和的漫反射天光的超长读书“吧台”和南向窗前的独立书桌，曲线的电脑阅览和六边形灯下的讨论课桌，提供着不同的读书空间。书架，也以不同的形式出现，成为空间的一部分。在这里，读书成为一种愉悦的体验。

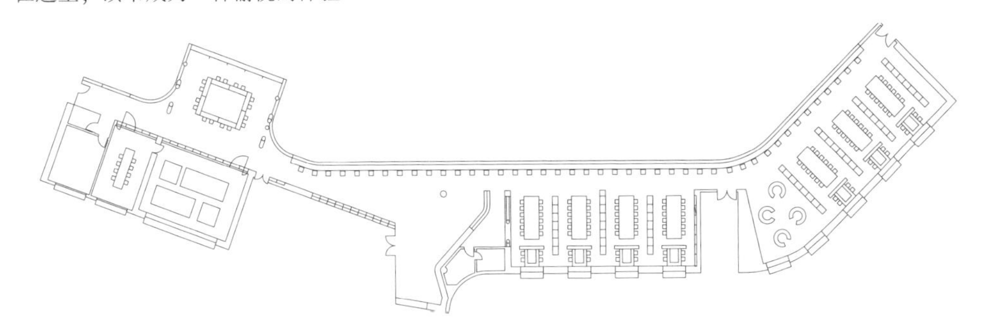

图书馆平面

楼梯

地面的概念是多层次的，空间等待探索。每个楼梯的形态空间光线都略有不同，让爬楼梯不再枯燥，成为日常校园体验的重要部分，充满乐趣和惊喜。里里外外、上上下下，楼梯以自己的一套独特语言融入校园空间。

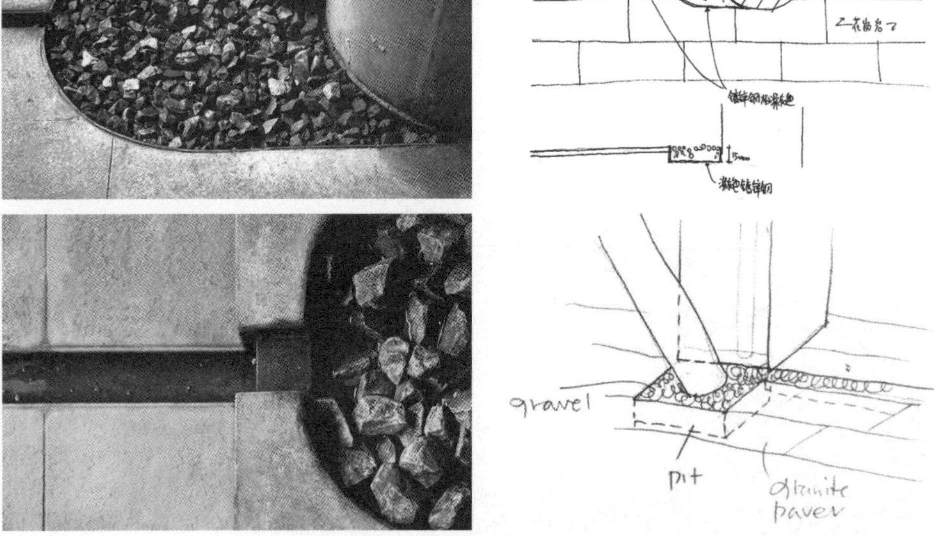

上图：光影 | 下图：雨水槽草图及细部

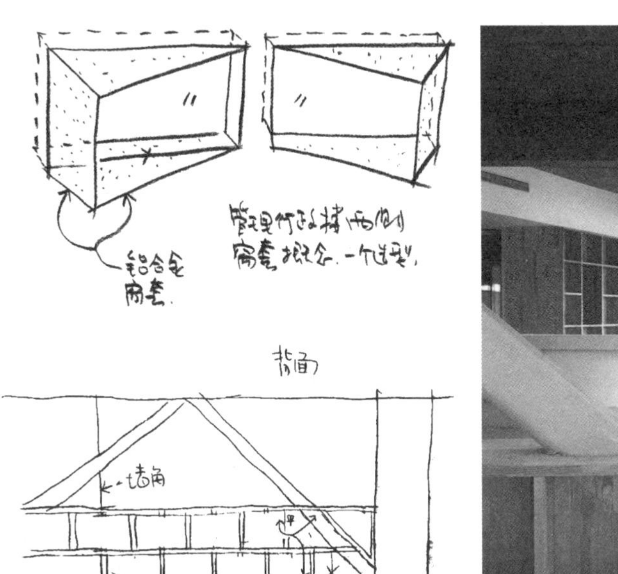

左上：三角遮阳窗套及草图 | 右下：图书馆书架局部及草图

OPEN INSTITUTION
机构重塑

在一个公民意识薄弱的社会里久了，很容易渐渐失去公民意识。我们和那些本来属于我们的建筑，那些公共建筑，有着一种距离，让我们无法真正去拥有它们，自由地去使用它们。

2009年应邀去葡萄牙演讲的那次旅行，有两个场景让我很难忘，一个是在里斯本的国家美术馆里，一群幼儿园的学生在老师的指导下，在一间正在展览现代绘画的展厅中间，搭建起了自己的画展，这些是他们早些时间在美术馆里的写生。另一个是在波尔图音乐厅里，看到为了照顾那些买不起音乐会票的人可以在场外观看并用耳机听到场内音乐而设计的空间。这个音乐厅内的公共空间全时免费为公众开放，并融入了很多供市民体验参与音乐艺术的空间。

在纽约生活的时候，我很喜欢遍布城市各个角落的公共图书馆，这是一个供所有市民方便使用的网络，甚至时常会看到落魄到无家可归的人的身影。在那里，图书馆也不只是借书读书的地方，还是一种温暖心灵的庇护所，这和香港遍布不同社区内的市政服务大厦有些相似的地方。这些公共建筑，取之于民，用之于民。如上这些事情放在当下中国，似乎仍然不可想象。

在这看似建筑之外的问题上，建筑师似乎无能为力，其实不然。只要我们愿意去发现和改变，在当下公共建筑的设计实践中，仍然存在着一些偶然的机会，让我们有可能将原本冷淡抽象的任务书转变为热情丰富的，并通过空间的设计、流线的组织，进一步创造一种开放的状态，邀请人们进入并参与到其中的活动，让公共建筑真正公共。当然这种机会，之所以偶然，因为在没有公民意识和制度的支持下，它需要决策者的开明。但当成功个案越来越多之后，也许偶然会逐步变成必然，在不是很远的未来。

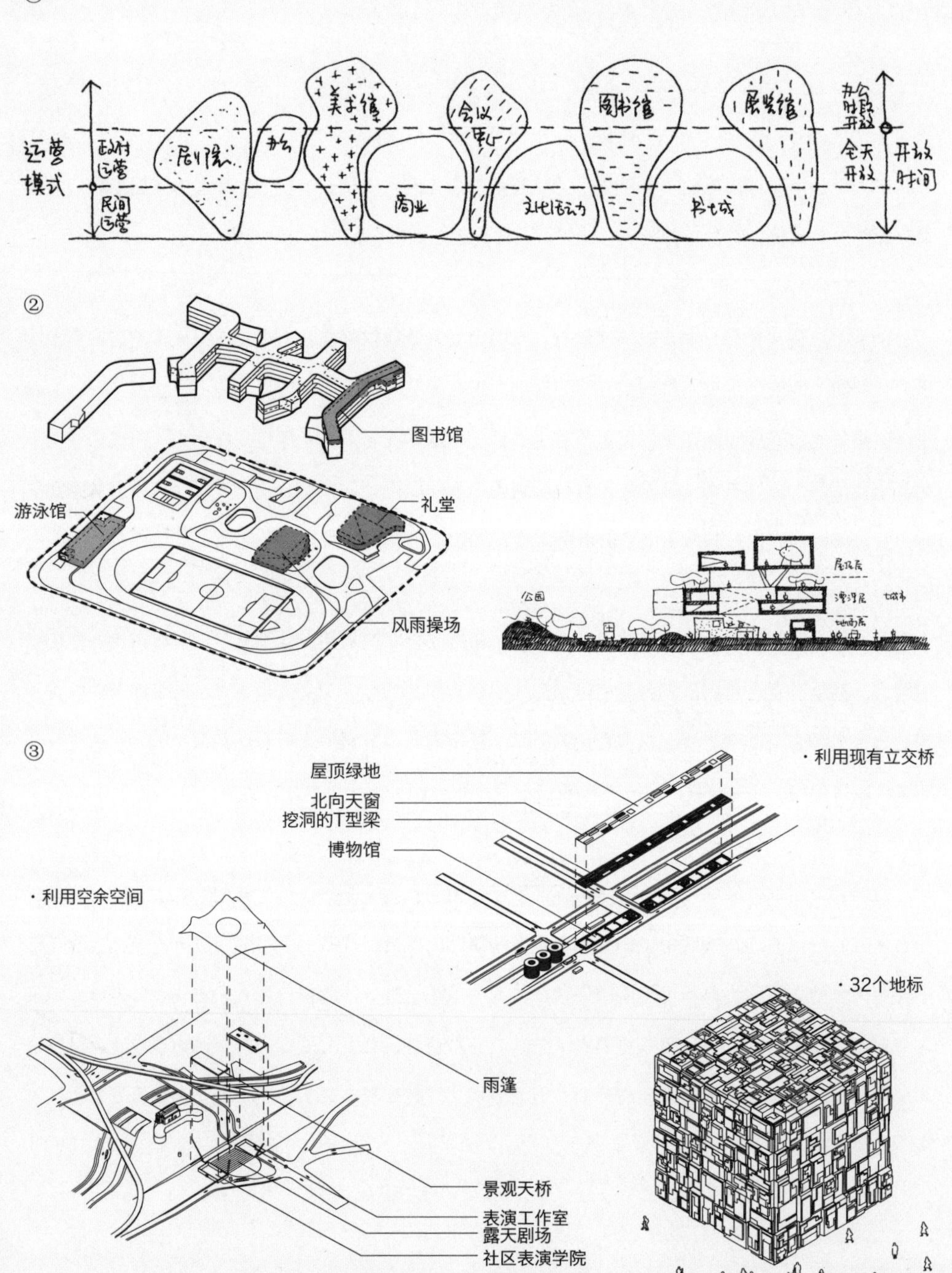
①
②
图书馆
游泳馆
礼堂
风雨操场
③
屋顶绿地
北向天窗
挖洞的T型梁
博物馆
· 利用现有立交桥
· 利用空余空间
雨篷
景观天桥
表演工作室
露天剧场
社区表演学院
· 32个地标

④

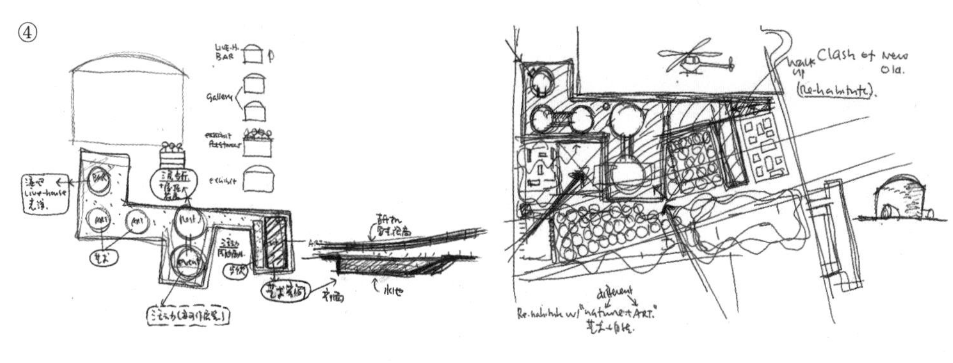

①坪山演艺中心

我们希望用建筑作为载体，去组织丰富的表演文化活动，无论是正式的（大剧院）还是非正式的（多元的市民文化教育），无论是文化还是相关商业。我们重新组合了任务书，以打破大剧院功能单一、运营不可持续的模式。我们期待一个真正的表演艺术中心，开放包容，以更加积极的姿态介入城市生活之中。

②田园学校

图书馆、礼堂、游泳馆、风雨操场可以面向社会开放，这不仅使教育资源可以最大限度地与市民共享，也对培养新城的文化氛围起到了重要作用。

③二环2049

二环公园的城市功能所关注的是它精神上的缺失和文化上的弱势。两种貌似对立的概念构成二环公园的建筑体系：消失的建筑与纯粹独立的建筑。前者或依附于现有立交桥，或隐藏在自然环境之中；而32个立方体则成为二环公园上新的地标建筑。这两种建筑体系承载了同样的使命，即提供城市中缺乏的公共设施。

④西岸油罐艺术中心

这片废弃的工业区将被改造成一个以新媒体为主题的演艺中心。不同年龄、不同兴趣的人，在不同的季节和不同的时间里，都能够找到属于自己的快乐。

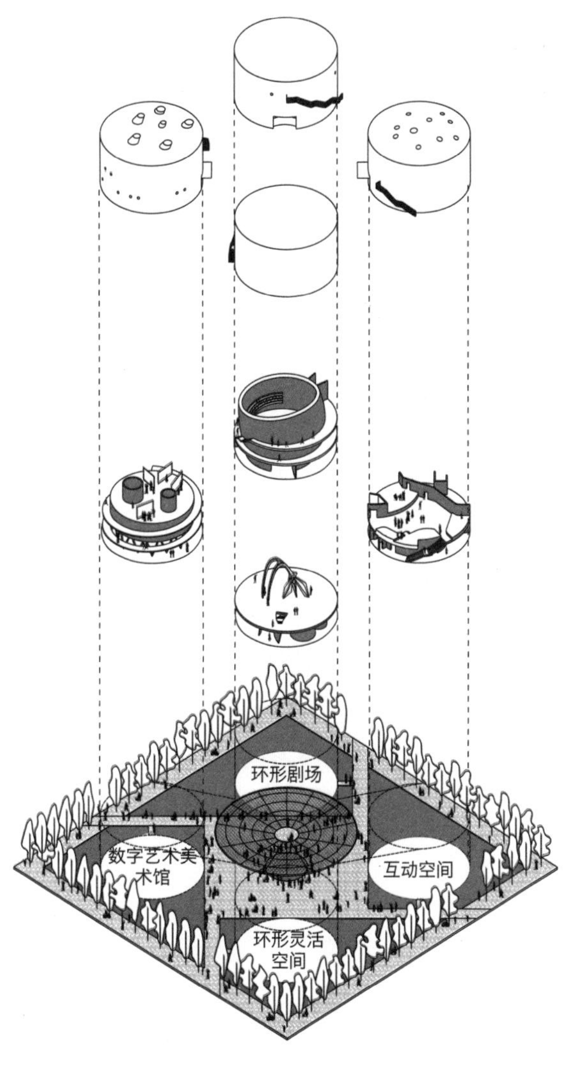

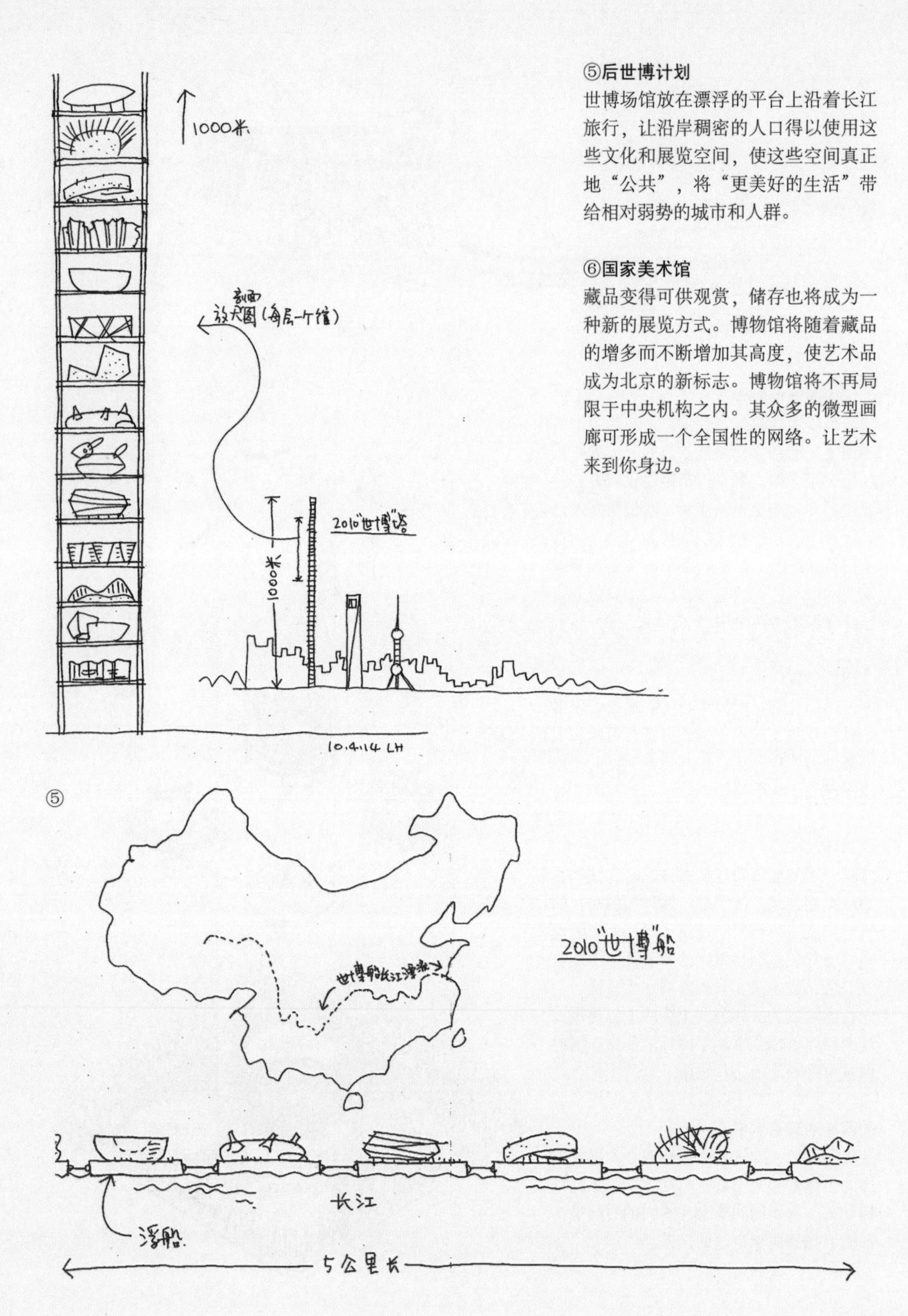

⑤

⑤后世博计划

世博场馆放在漂浮的平台上沿着长江旅行，让沿岸稠密的人口得以使用这些文化和展览空间，使这些空间真正地“公共”，将“更美好的生活”带给相对弱势的城市和人群。

⑥国家美术馆

藏品变得可供观赏，储存也将成为一种新的展览方式。博物馆将随着藏品的增多而不断增加其高度，使艺术品成为北京的新标志。博物馆将不再局限于中央机构之内。其众多的微型画廊可形成一个全国性的网络。让艺术来到你身边。

⑦移动快乐站

这些流动社区中心可以用极低的成本实现，并且不占用宝贵的土地，就像是许多国家都拥有的“公共服务大楼”的迷你版。它们在极短的时间内建立起全城服务网络，将公共空间的真正意义还给市民，提供人人都可享受的快乐。

⑧海洋中心

海洋大楼是由和深海研究相关但方向各异的五个研究中心构成。设计将各中心的体量拉开出“空隙”，其间是由一系列充满绿化的室外空间组成的连续的共享空间。这些“空隙”不仅保证了各中心之间相对的独立性，又为研究人员提供了大量的交流和互动的机会。我们期待建筑能对研究人员的日常工作产生积极的影响，创造性的想法经常是在偶然的交谈中产生，思考不只发生在实验室内。

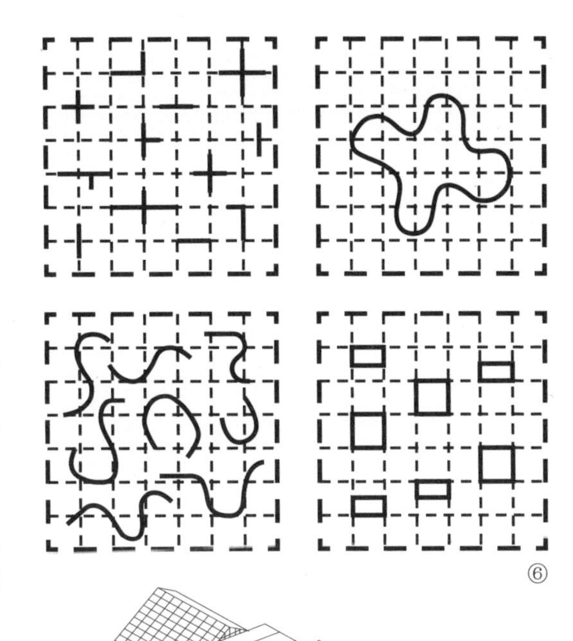

⑥

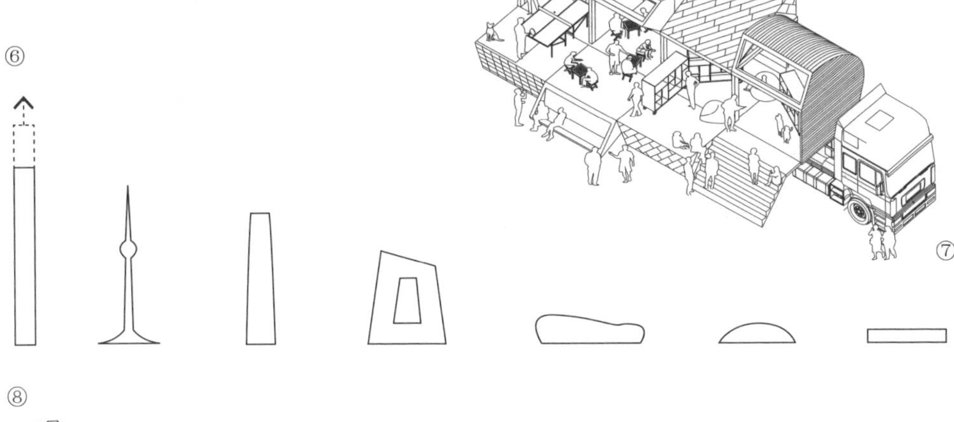

⑦

⑥

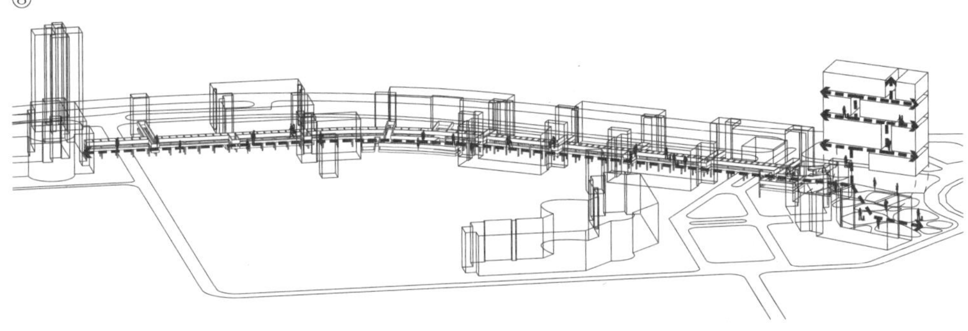

⑧

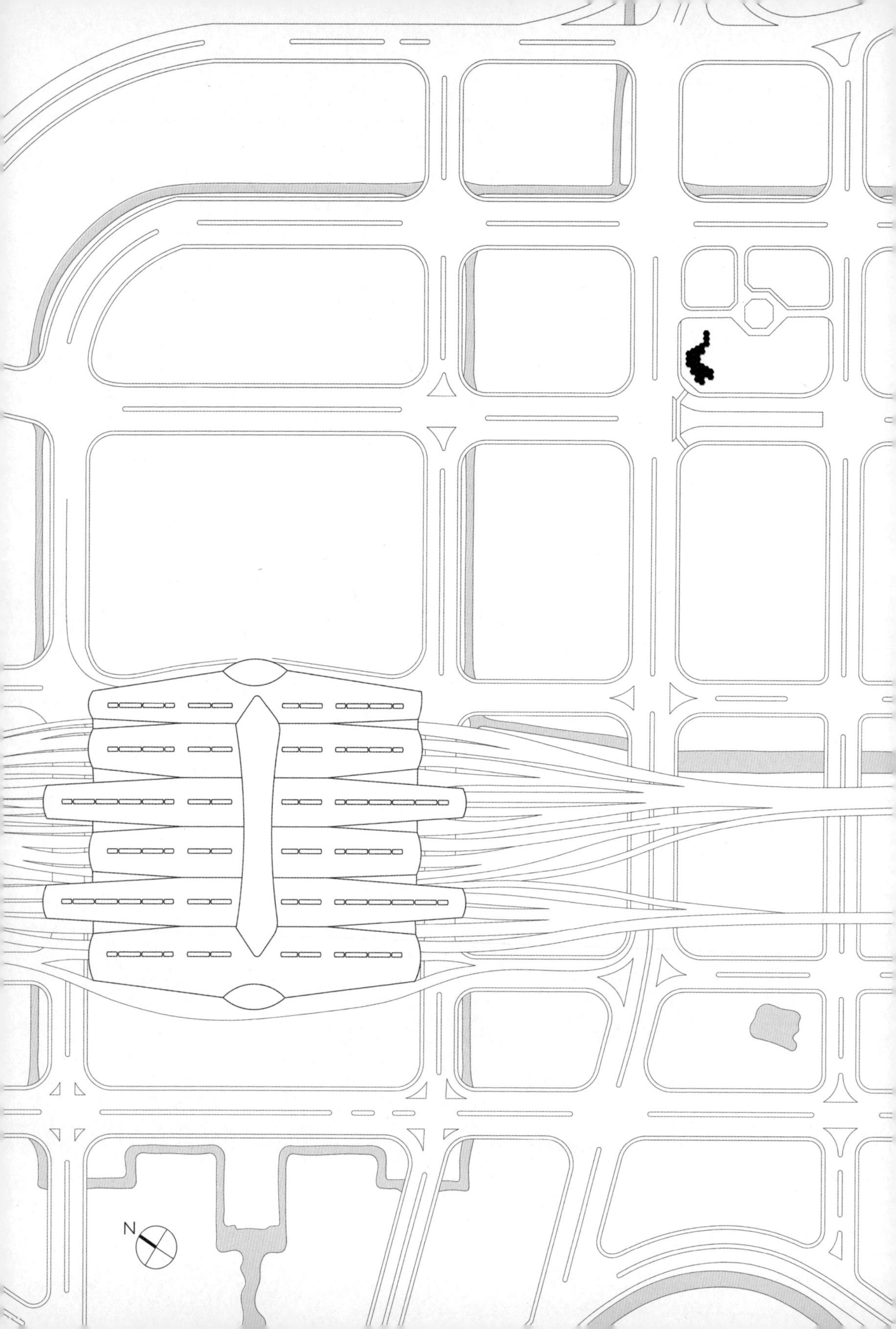
N

HEX-SYS
六边体系

广州 2015

HEX-SYS/ 六边体系是 OPEN 建筑事务所研发的灵活可拆装建筑体系。作为对中国近年来伴随着建造热潮而出现的大量临时建筑的回应，这个可快速建造、可重复使用的建筑体系延长了建筑的生命周期，实现了真正意义上的可持续性。预制化生产和装配式建造，使其像产品一样具备批量生产的可能；而通过模块的不同组合方式，它又会演化出各种各样的版本，灵活适用于不同的场地和功能。

设计的灵感源于可拆卸重组的中国古代木构建筑体系，以及融汇了勒 · 柯布西耶毕生对模数化建造系统之研究的瑞士展馆。我们设计的这套系统旨在将结构、机电、外围护和室内装修等全部建造体系整合到可以灵活拼接的六边形的基本单元中，在严谨的几何规则的控制下，单元可以自由地拼接组合。

基本建筑单元是一个 40 平米的六边形模块。倒伞状的屋顶钢结构由位于中央的圆柱结构支撑，空心的圆柱兼做雨水管，可将收集到的雨水用于景观灌溉或者注满庭院水池。三种不同的单元——透明的、围合的、室外的分别适应不同的功能需求。在一组单元中“缺失”的一个六边形，被设计为内部庭院，成为这个工业化建造体系里具有禅意的“留白”。建筑外围护是单元式幕墙。为了最大限度地实现建筑构件的可回收和可重复使用，所有的连接节点都设计成不用焊接或者打胶，以便拆卸。

建筑结构为独立桩基，因此可以轻盈地漂浮于公园绿地之上，不对原有场地造成任何破坏；挖出的少量土方在主体建筑边堆成一个小山丘，围合出一个开放的公共活动空间。喷砂阳极电镀铝板则因其耐久性和易维护用于所有的外墙覆盖层。速生的竹子作为木材的替代，是室内空间的主要材料之一。

左图：区位总图

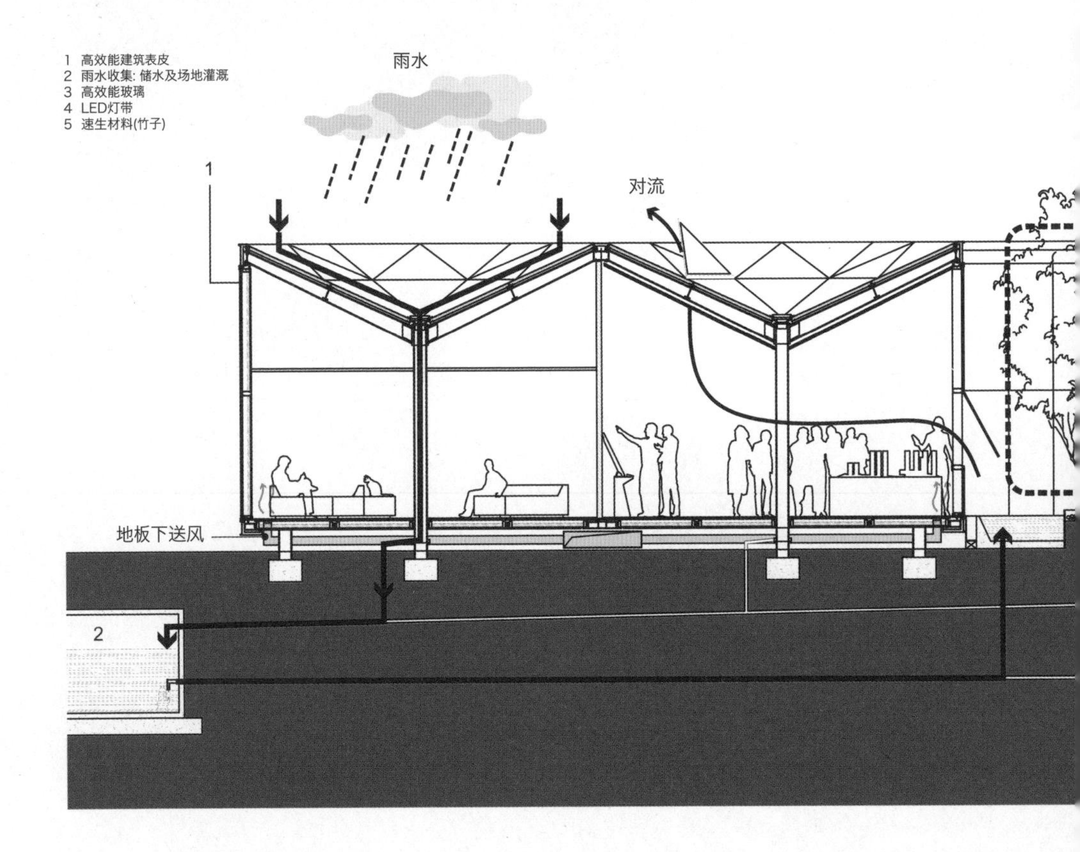

左上：夜景鸟瞰图 | 右上：首层平面

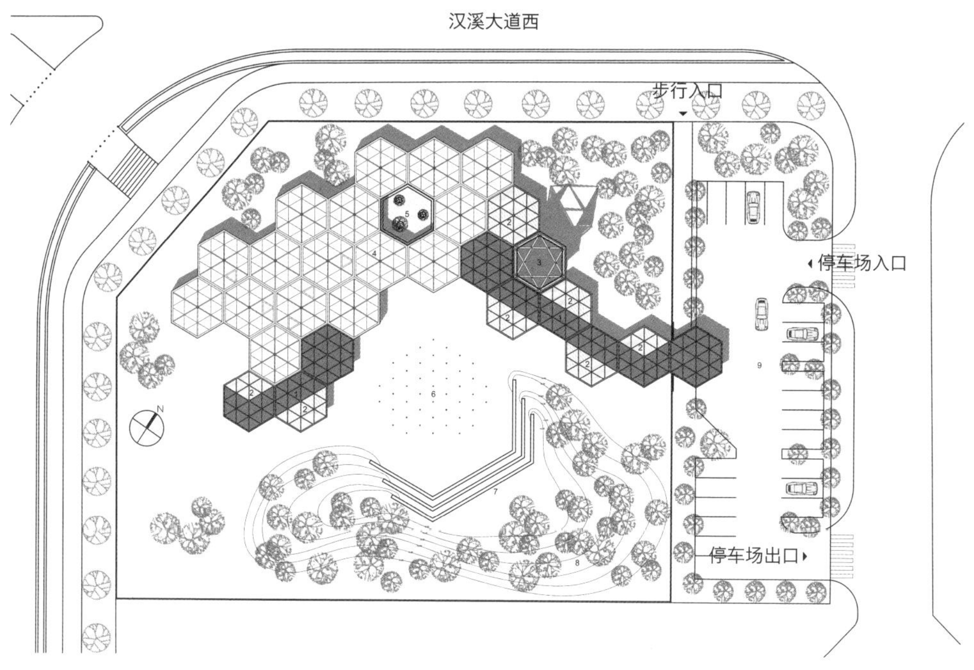

1 百叶遮阳复合玻璃屋面
2 百叶遮阳屋面
3 标识塔和水池
4 铝板屋面
5 庭院水池
6 喷雾广场
7 露天观众席
8 城市森林
9 停车场

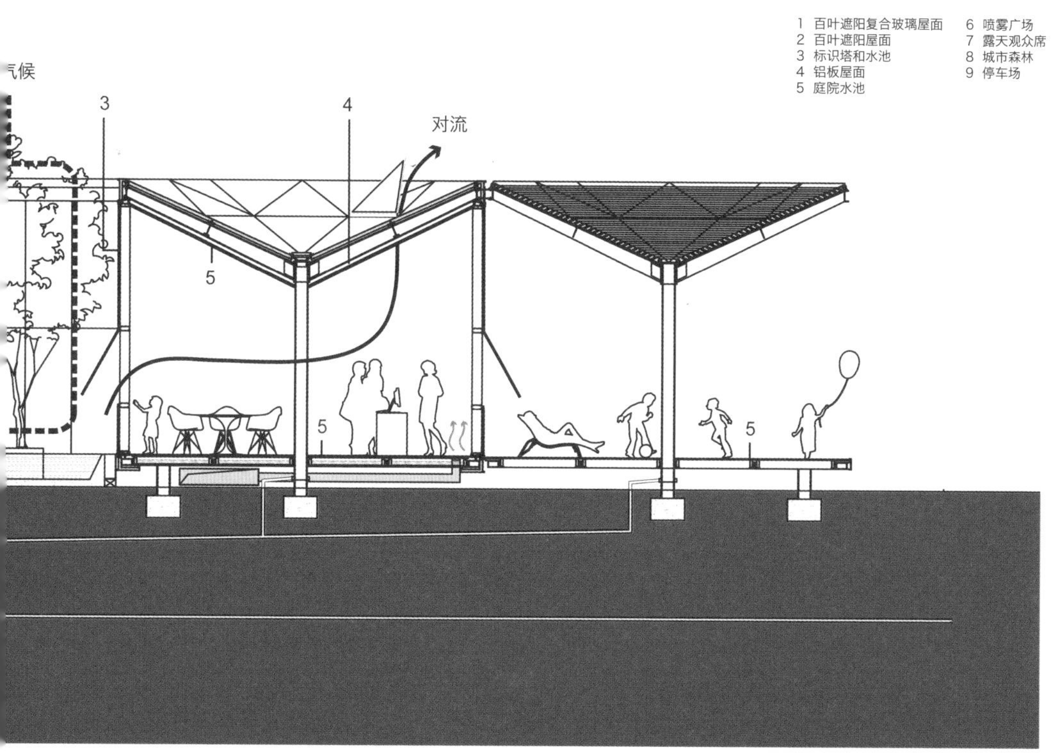

下图：剖面图

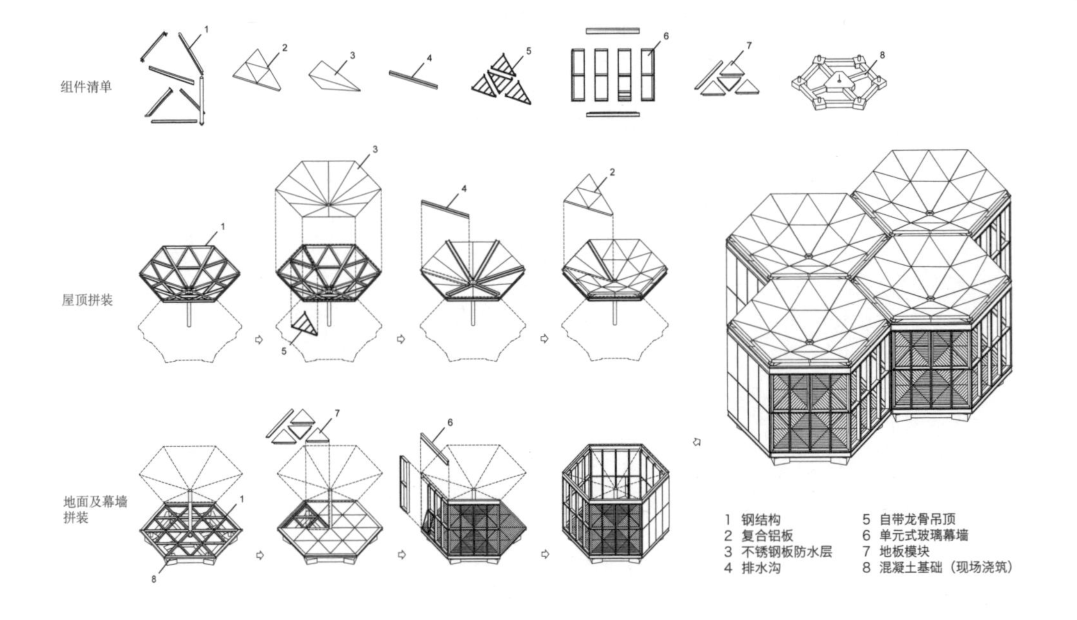

左上：拼装图解 | 右上：节点图

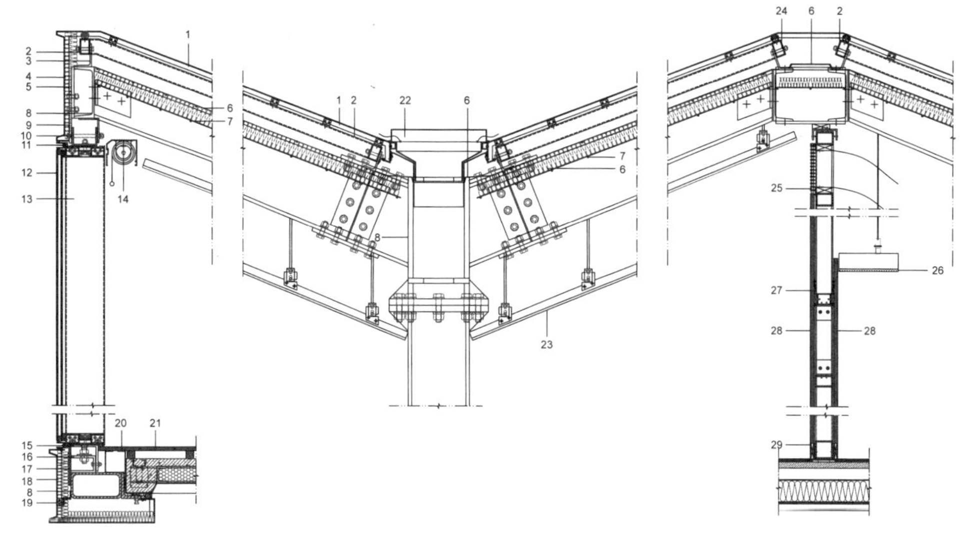

1 3mm厚铝单板
2 60x40x4方管
3 90x56x6钢角码 L=100 @500
4 60mm厚保温岩棉
5 200x120x12钢板
6 0.5mm不锈钢板防水层
7 钢丝网 @80x80
8 主体钢结构
9 200x120x12钢板
10 98x70x8 L=120 U型钢
11 铝合金封口 ED-X01
12 TP6+12A+TP6Low-E中空玻璃
13 铝合金单元体立柱 ED-L01
14 电动遮阳帘
15 L120x100x8型钢 L=280
16 98x45x8 L=280 U型钢板
17 8x150 L=280 加强稳定板
18 50mm厚保温岩棉
19 L30X3角钢
20 管线通道
21 复合地板模块
22 不锈钢漏水斗
23 室内吊顶
24 M10x80不锈钢穿杆
25 通风百叶
26 石膏板吊顶
27 挂墙系统
28 亚麻布面挂板
29 3mm阳极氧化铝板踢脚

下图：预制、施工过程

室内照片

上图：庭院及标识塔 | 下图：入口

上图：水庭院 | 下图：室内服务台

上图：屋顶 | 下图：遮阳单元细部

庭院及屋面

OPEN SYSTEM
原型体系

大概 12 年前，我们开始思考如何将好的设计带给大众的问题。那时候我们在美国工作和生活，进入建筑实践也有几年了。我们注意到，即使是在美国也只有很少比例的一部分建筑是被很好地设计过的。而之后回到中国这些年的实践中，亲历高速发展大量建设的过程给设计速度和建造质量带来的巨大压力，我们更多地意识到开放的原型体系，可能是解决这些矛盾的一种策略。

通常意义上的建筑实践，来自于西方的传统，是建立在一个设计任务对应一个设计方案的基础之上。中国传统建筑的实践则是完全不同的。自从有了《营造法式》，一套完整的模数化的体系制度被建立起来，用于系统化地指导和规范整个建造过程。这大概是最早的关于开放建筑体系的概念和应用：从建筑语言，到聚落构成，到历史城市，复杂性和多样性从简单的建筑单元和清晰的游戏规则中产生，虽然建立这套体系的初衷是为了避免建造中的贪污腐败。在西方，产品设计远在建筑设计和建造产业之先就以批量定制的方式引入了开放体系的概念。

OPEN 探讨的“原型体系”是一种策略，让建筑能够被复制、再造、再利用，但不重复；也让建筑能够在基本的系统控制下根据不同的天气、基地、造价和具体的需求而灵活应变。OPEN 探讨的“原型体系”允许其他的专业、终端用户、制造者等参与到制造的过程中。在一个快速发展的社会里，大量的建筑要以前所未有的速度被建造出来，这速度超过了传统建筑设计的合理周期，系统化的设计策略是将好设计带给大众的一种有效方式。

在“灵活可再生建筑体系”的系列研究和实践中，针对大量的形态各异的临时建筑带来的设计与社会资源的巨大浪费，我们开始探索生命历程可以循环的建筑体系。在一个地方完成了使命，建筑可以被拆开移到别的地方重新拼装起来，也可以根据新的需求再拼装成不同的平面组合。这也是对建筑可持续性的一种探索。

①

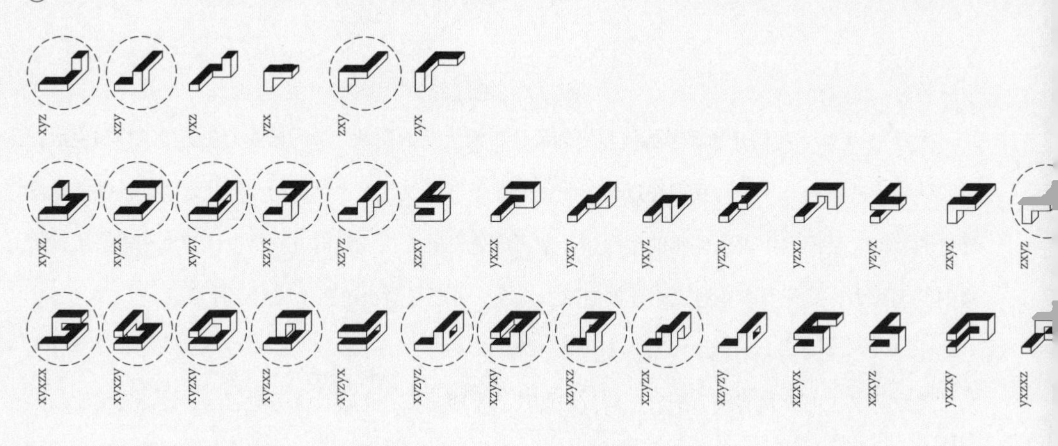

xzy原型面板展开

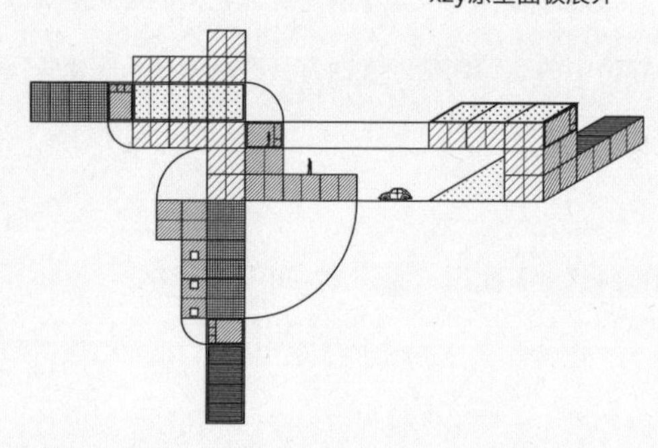

②

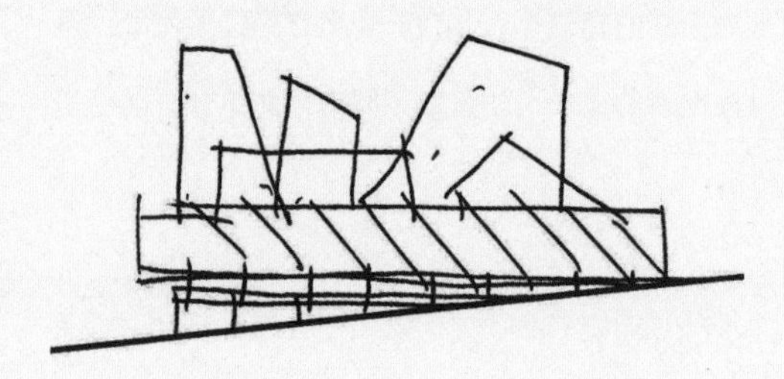

①XYZ住宅

这是早期我们对批量定制的概念的一个尝试。在标准的单元模块的控制下，用户可以根据自身的需求去定制自己的居住单元。住宅需要的基础设施，如机电系统、结构等，由标准单元模块来提供，模块之间的排列组合以及内外表皮的材料都可以定制。

②营地原型

这是一种都市营地建筑的原型，模数化和简单性是设计的出发点。建筑将营地的居住与活动功能组织在一个简单的10米见方的网格内，水平延伸并垂直叠加。

③流动快乐站

“流动快乐站”将快乐带给生活在拥挤冰冷的城市里的人们。这些可移动的空间是迷你版的“社区服务中心”，它们无需占用土地资源，但可遍布全市。用极低的成本，便可为居民提供多种服务。

④蜂巢宿舍

利用一次为网络游戏公司设计员工宿舍的机会，OPEN将早期对批量化定制住宅的研究重新进行了发展。预制的六边形居住细胞作为基础构件，堆叠、组合出各种居住、服务空间和大量的室外公共活动空间。细胞内的布置充分利用了非垂直的墙壁及六角形的内部体量，如自然界的蜂巢，最小的表面积，最大化的空间。

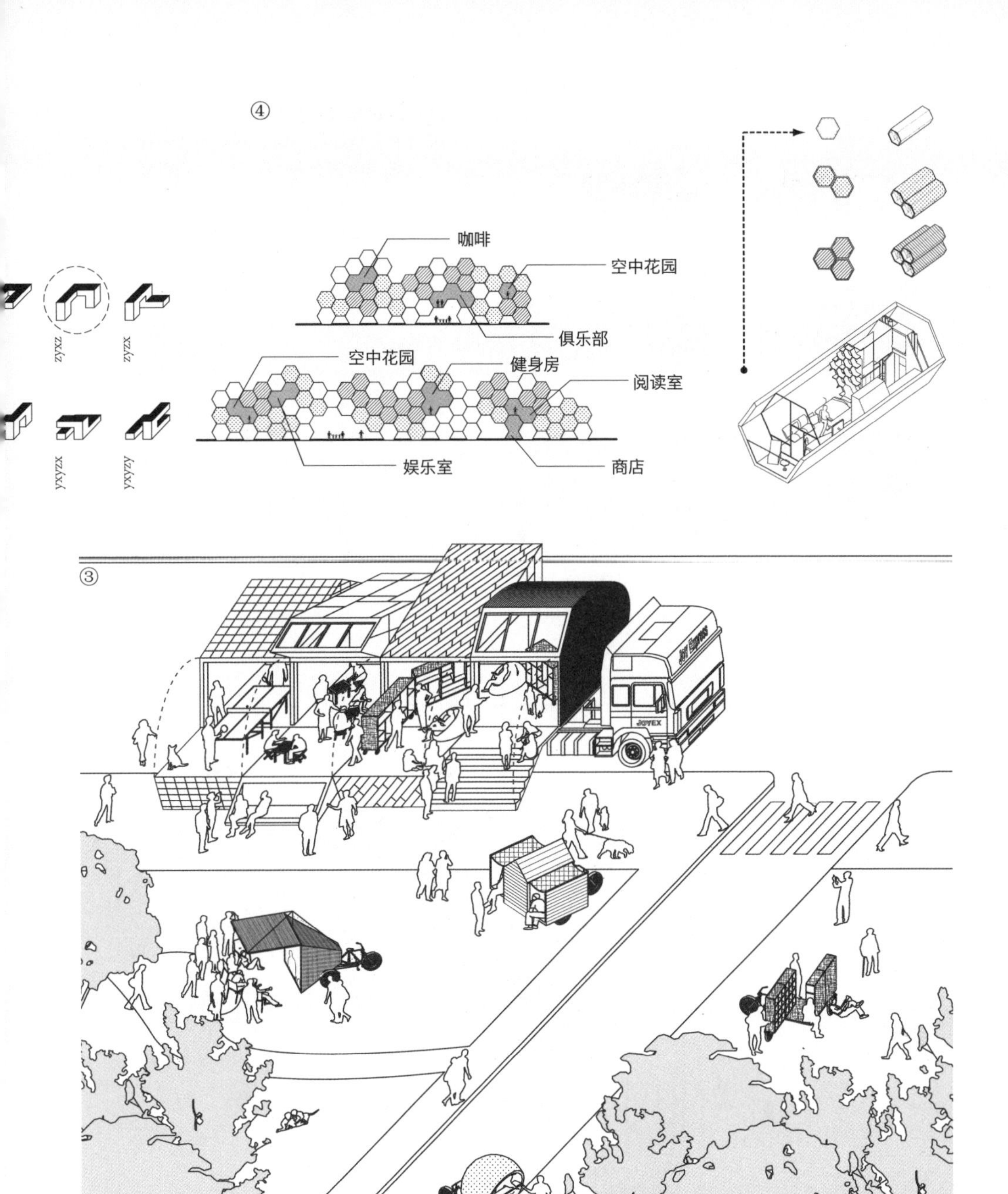
④
咖啡
空中花园
俱乐部
空中花园
健身房
阅读室
娱乐室
商店
zyxz
zyzx
yxyzx
yxyzy
③

⑤-1

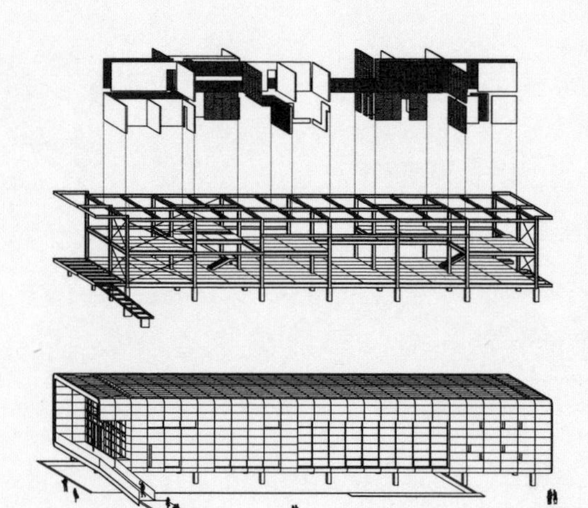

⑤-2

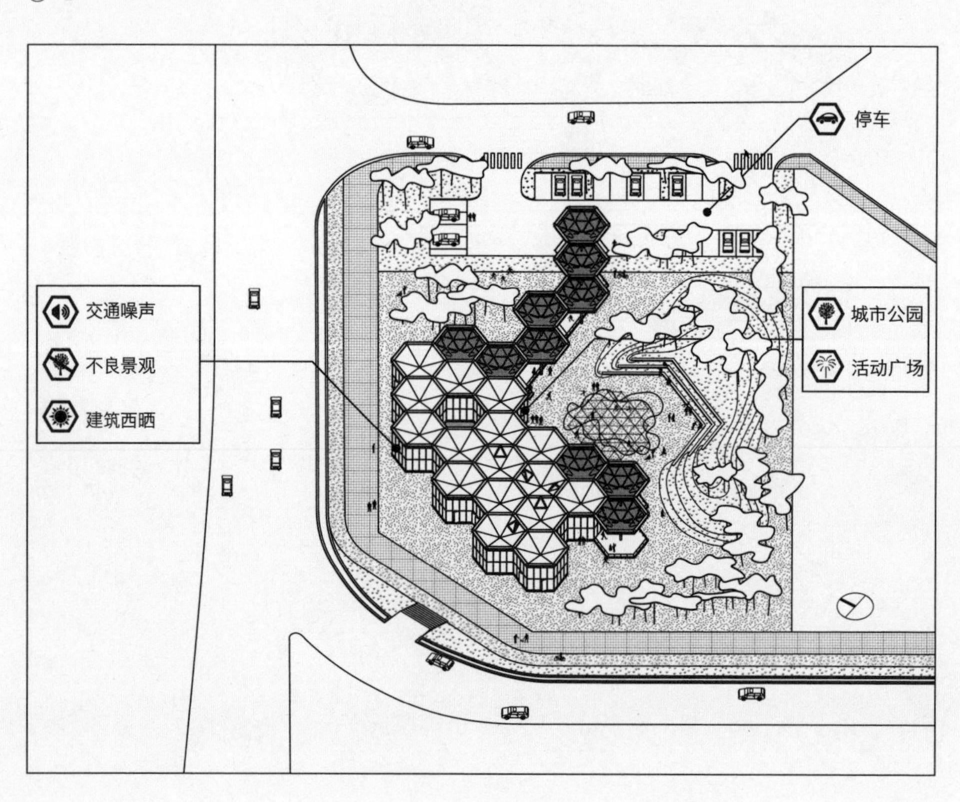

⑤灵活可拆装建筑体系V1.0/V2.0

同为可快速建造、可拆卸、可异地拼装的售楼处原型，1.0版为中国北方天气设计，而2.0更适用于中国南方的气候。我们探究的不仅是一栋建筑，而是一整套快速建设可重复使用的建造体系，意在减少售楼处这种临时建筑对资源的大量浪费，这是对绿色环保建筑的一个更深度的探索。

⑥北京中学

教学建筑由蔓生根状的结构原型衍生而出。这个原型在建筑形态和布局上，充分利用自然通风和自然采光，既能符合严格的新版教育建筑法规，又能在形态上有丰富的变化。三个学部的教学建筑，形态各异，有明显的标识性，同时又在一个有效、经济、可控的建筑体系之下。

⑥

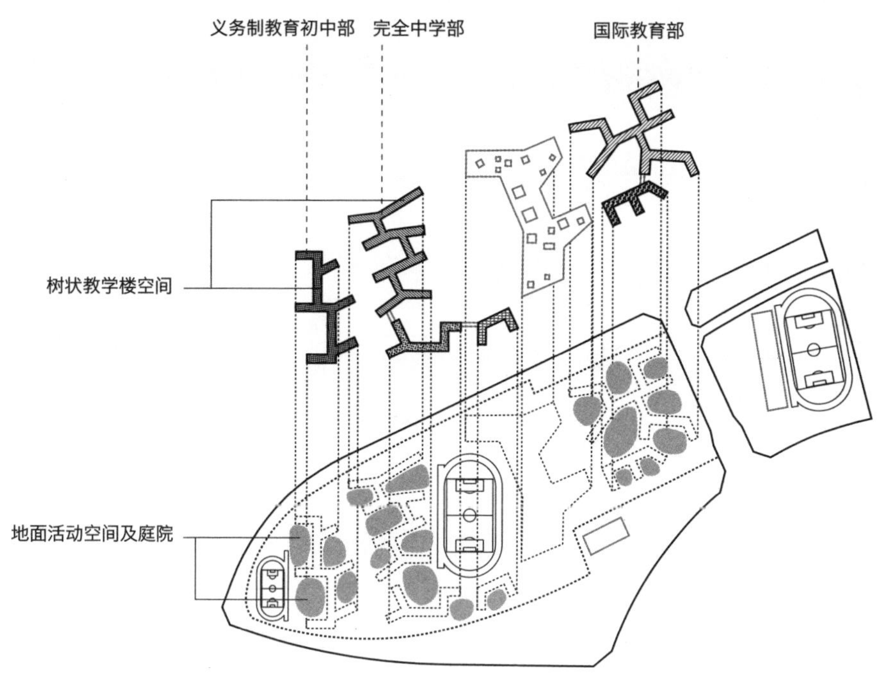

⑦红线公园

红线公园是由模数化的单元构成，OPEN设计了A到Z共26个红线公园的基本单元。但是单元的设计是开放的，在OPEN制定的“源编码”的控制下，由设计师、手工匠人和小区里的普通居民共同出谋划策，合力完成。这个“源编码”包括独立单元的尺寸和一系列确定公园公共特性的关键词：可回收的、环保的、通透的、可使用的、经济的。这样，公园单元的形态和创意拥有无限的可能性。

⑦

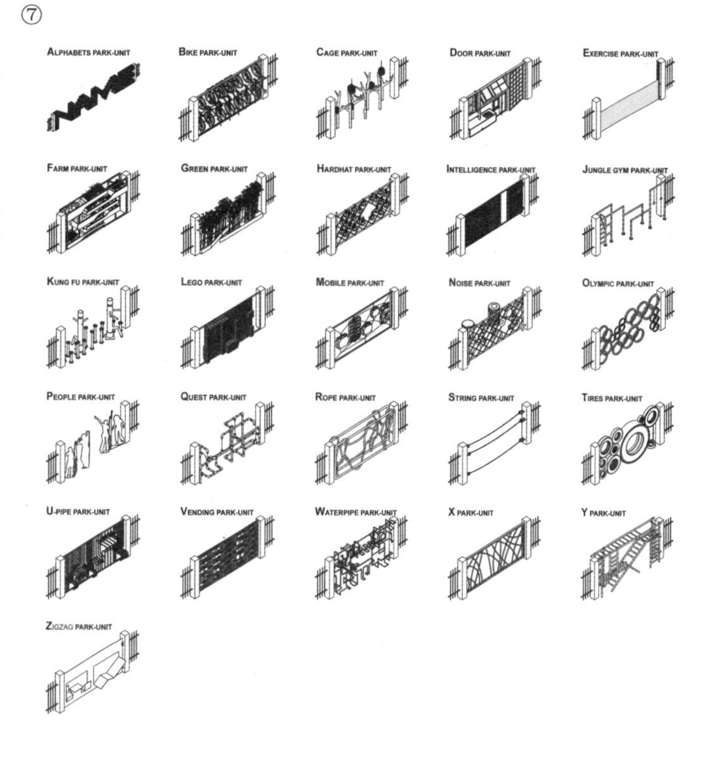

N

OCEAN CENTER
海洋中心

深圳 2015

项目是为清华大学深圳研究生院设计的深海研究创新基地，位于校园主轴线的最东侧，毗邻研究生院主校门。

传统校园的院落空间被引入大楼的垂直体系中。研究基地由多个独立的研究中心组成，不同的研究中心被垂直地叠加起来，每两个中心之间插入一层园林式的共享空间，其中包括自习室、小会议室、国际交流中心等围合的室内空间，以及大量的半室外交流空间。每个中心里的实验室部分和办公服务区稍稍地水平错动，形成垂直的室外共享空间。在建筑立面上左右跳动的垂直共享空间将3层水平的共享空间联系起来，构成一系列连续的半室外公共活动和学术交流的场所，其间充满绿植，将地面的花园向上一直延伸直到屋顶的天台。整栋建筑像是一系列小建筑组合成的垂直校园，其间的公共空间，既赋予各研究中心相对的独立性，又通过共享将独立的中心紧密地联系在一起，给不同领域的研究人员创造交流的可能性。

深圳的自然气候条件催生出了海洋楼的建筑形态。大量的半室外空间调节着建筑的微环境，板楼充分利用自然通风，立面的遮阳系统有效地降低热负荷同时满足不同功能的采光需求。大量采用被动式的节能策略，力求创造低造价高效率的建筑。

实验室的内部空间按合理的模数规划，空间规整开放，设备管线的主干部分集中布置，末端模数化地配置，以适应未来实验空间的灵活分隔和内部布局变化。办公和辅助空间临近实验室，既方便研究人员又相对安静和独立。

建筑的低层部分和周围的自然景观融合在一起。顺着一个植被覆盖的缓坡可以上到二层的咖啡厅和开阔的室外平台。咖啡厅之上是一些可以对外开放的公共及半公共的空间，包括科普中心、展厅、大小会议室等。这些公共空间将海洋楼和整个校园文化紧密地联系起来，从一定程度上弥补校园里公共生活的缺失。海洋楼将不仅是一栋高效的新型实验楼，也将成为校园主轴线上一个活跃的交流场所。

左图：区位总图

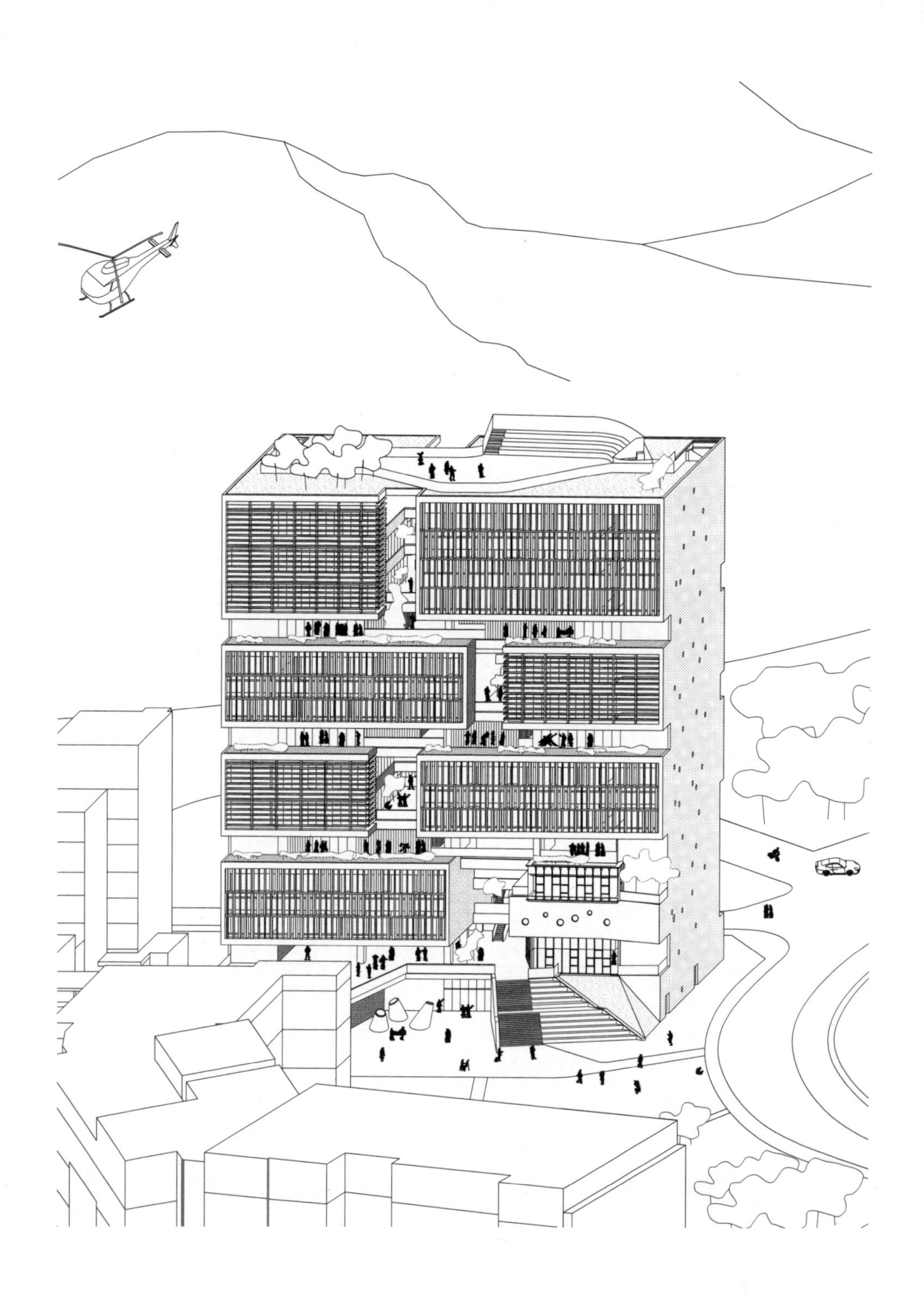

上图： 整体轴测图

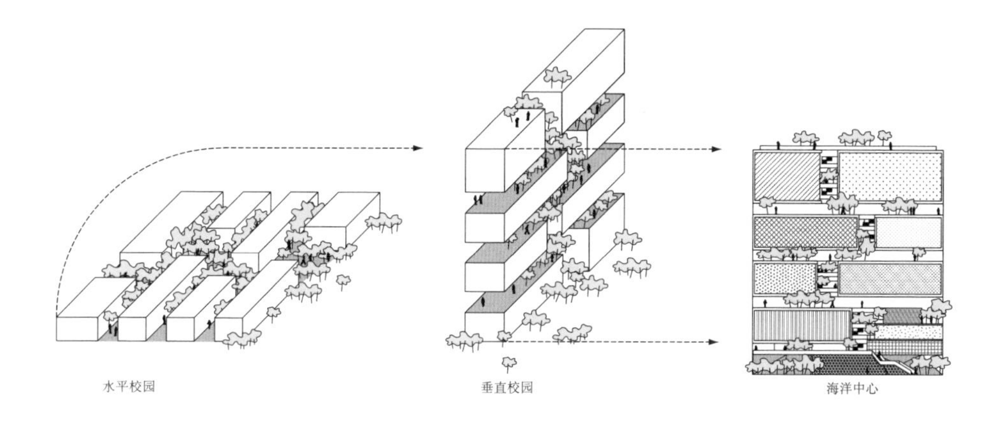

传统合院式的校园在这里被重新演绎，这栋建筑是五个研究中心竖向叠加起来的垂直校园，中心之间是由一系列充满绿化的室外空间组成的。连续的共享空间将地面的景观向上一直延伸到屋顶平台。这些“空”的空间，不仅保证了各个中心之间相对的独立性，又为研究人员提供了大量的交流和互动的机会。

上图：概念图解 | 下图：效果图

立面透视

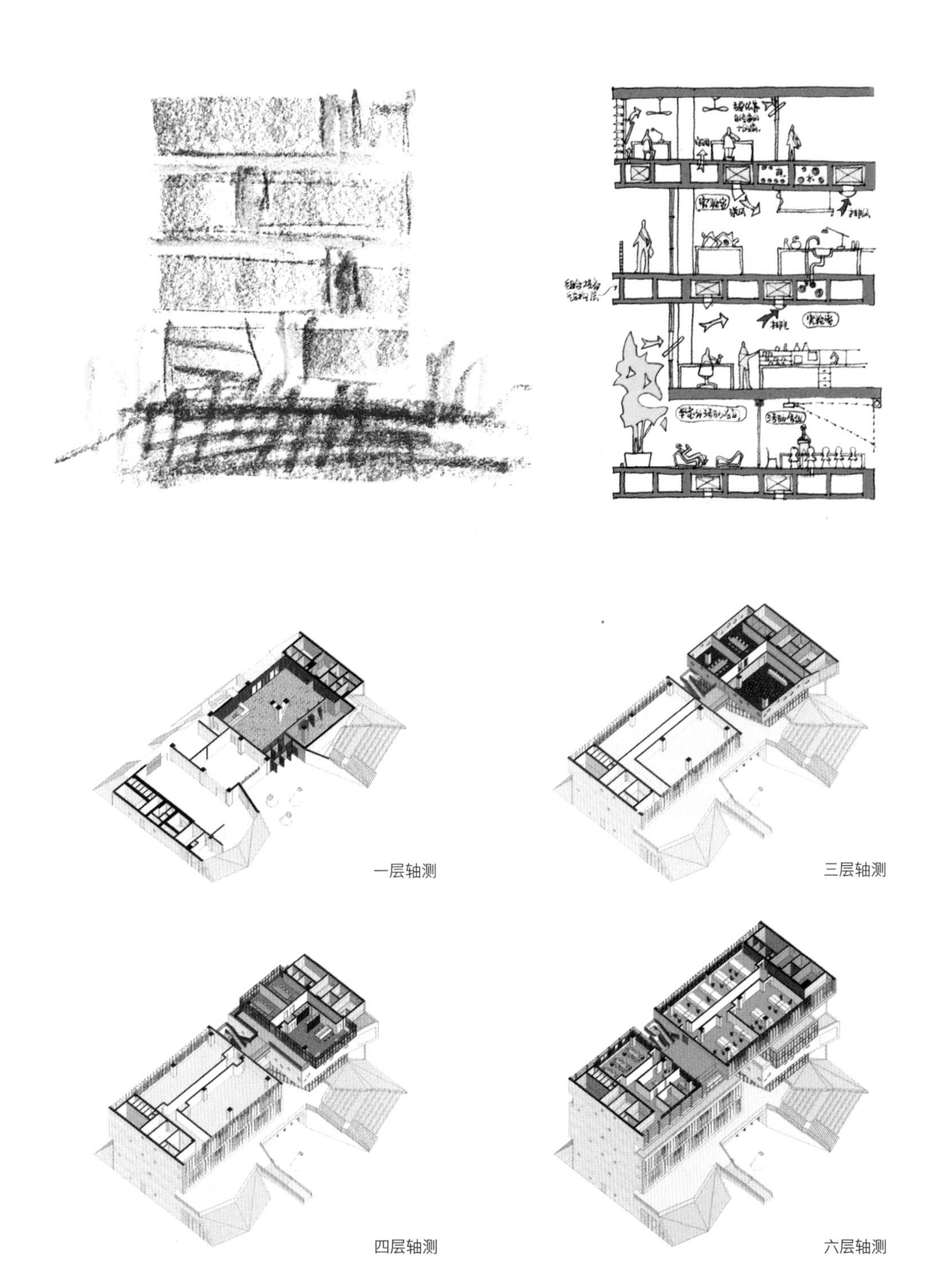

上图：草图 | 下图：公共层轴测

-0.02

模型照片

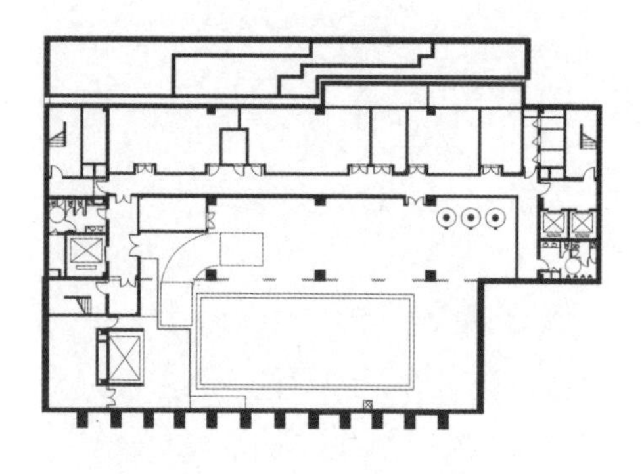

地下二层平面

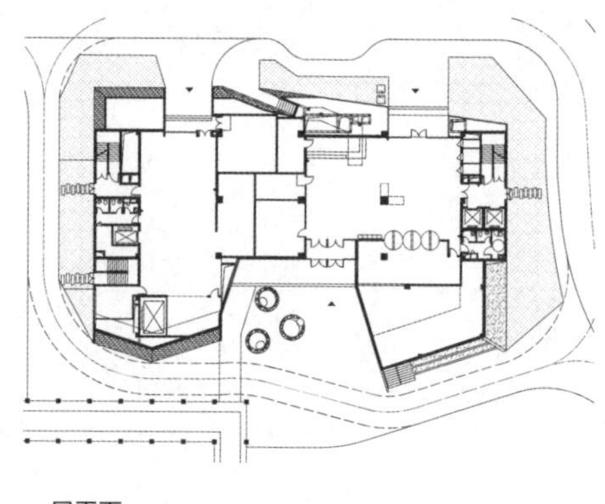

一层平面

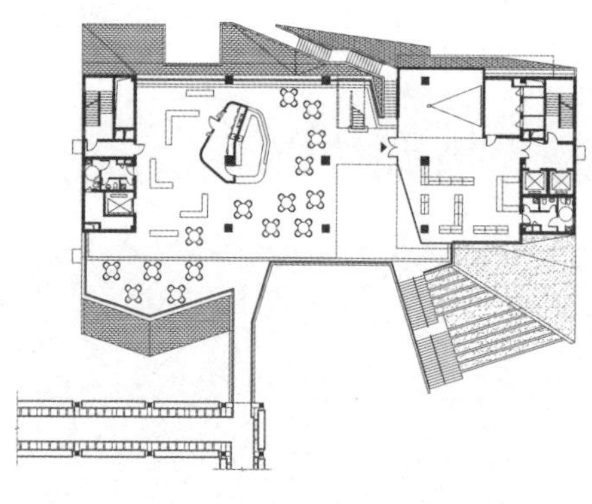

二层平面

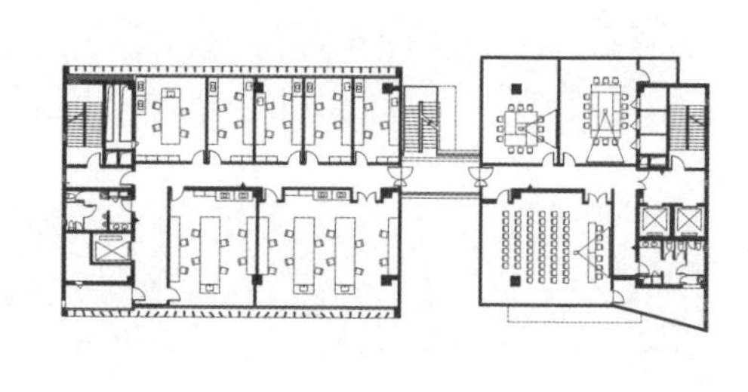

三层平面

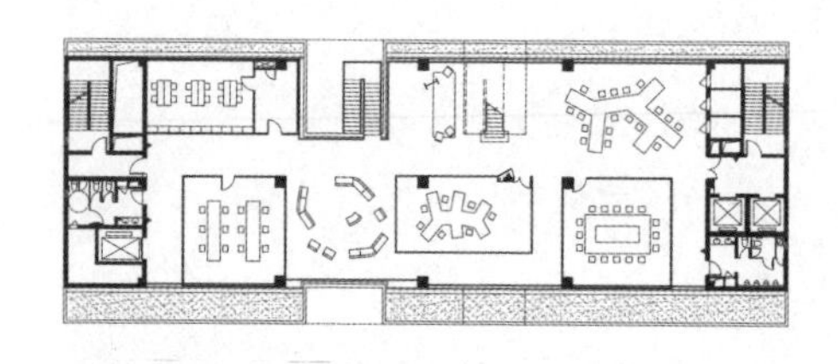

八层平面

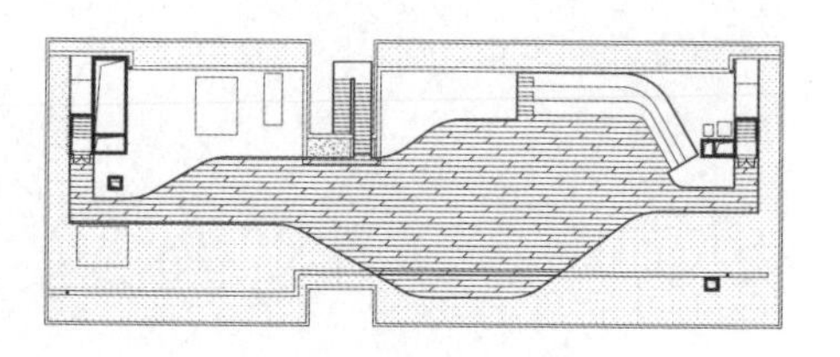

屋顶平面

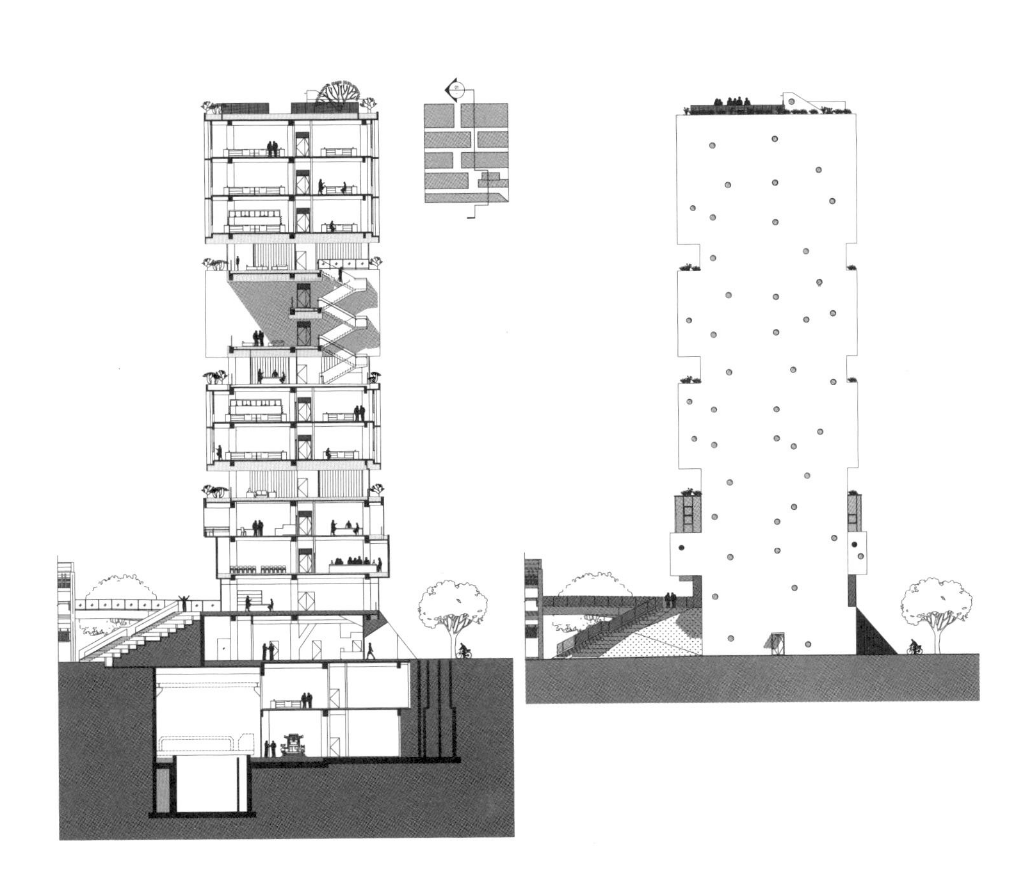

左图：剖面图 | 右图： 东侧立面

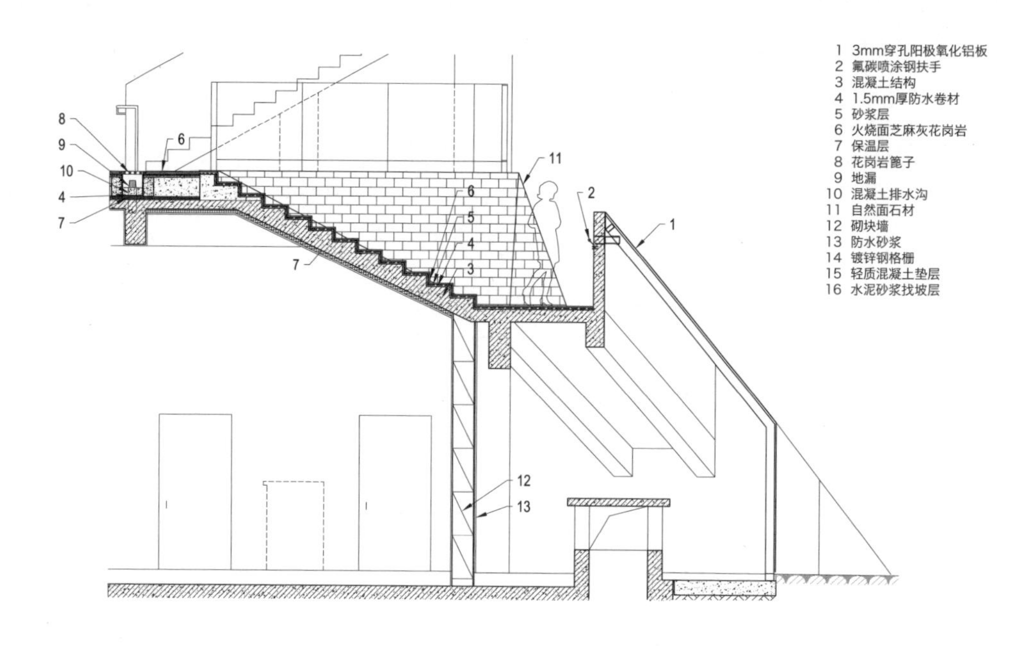

上图：墙身剖面 | 下图：模型照片

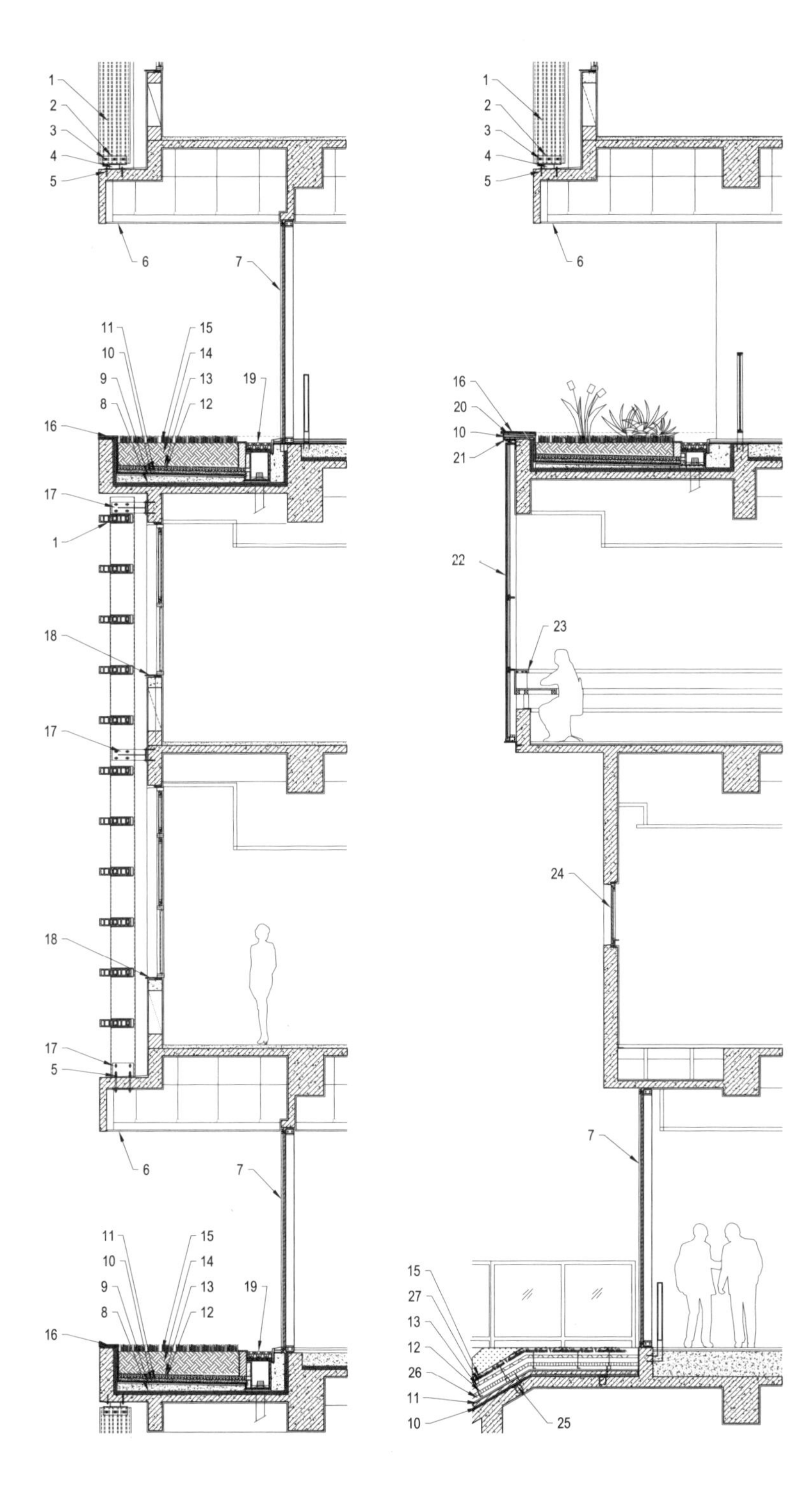

1 挤塑水泥板
2 C型槽钢
3 M8不锈钢螺栓
4 镀锌钢管
5 M12膨胀螺栓
6 氟碳喷涂铝板吊顶
7 玻璃幕墙
8 保温层
9 混凝土找坡层
10 防水层
11 水泥保护层
12 排水层
13 土工布
14 覆土层
15 植被
16 花岗岩压顶
17 钢板
18 花岗岩窗台
19 卵石层
20 镀锌钢板
21 角钢
22 彩釉玻璃
23 固定写字台
24 圆窗
25 固土层
26 种植槽

上图：墙身剖面

OPEN FUTURE
想象未来

历史上曾经的那些乌托邦一样的想象总在吸引着我们，在今天不断向未来迈进。康斯坦特（Constant）的新巴比伦，尤纳·弗莱德曼（Yona Friedman）的空间城市，阿基格拉姆（Archigram）的那些惊人幻想，陶渊明的世外桃源，莱特的田园城市等等。

很喜欢约翰·列侬在他的《想象》那首歌里写到的：想象没有国家，没有宗教，所有人都和平共处，没有拥有，不再贪婪或饥饿。

我们不能停止想象，一种未来的状态，一种稍微遥远一点的未来。之所以称之为未来，仅仅因为我们还没有进步到那种理想的状态。

这种状态是关于人性的，人类如何共同生活在一起，共享有限的资源，和我们作为集体对这个蓝色星球上的自然的态度。

当人类充满平等、自由、爱和信任，我们依然需要建筑和城市，但这些建筑和他们所组成的城市形态将不完全相同，那种状态下的建筑即是我们所梦想着，和寻找机会去一点一点推动的。

我们想象得还远远不够！

①

①前海新城

三种城市并存于此：一个漂浮空中，一个紧贴地面，一个地下延伸。高密度或低密度，车行或步行，混合使用或单一功能，标志性或适合性，前卫或乡土，地域性或全球性。因为在这个未来城市空间的伟大实验中，以上均能和谐共生。

②海岸生活

设想未来人们都生活在海岸线边上，内陆则留给大自然，成为公共的国际地域供人们度假游玩。

③世界城市

设想未来的世界没有国家，只有不同的城市；城市之间被各种港口连接，空港、海港、铁路港……城市之间的大自然与世共享。

④城市立方

这是一个有关未来都市生活方式的探索。在城市天空中，人人都有一片属于自己的土地去建造梦想。空中LOFT如同一个个获取乐趣的仓库：即插即用，开放可变，适应个人变化的需求。

⑤山海关计划

将危在旦夕的“宋庄”搬入沉睡无力的山海关“关城”，重新激活一个被遗忘的历史。保护艺术，边缘的艺术，升级一个极具潜力的海滨古城。

②

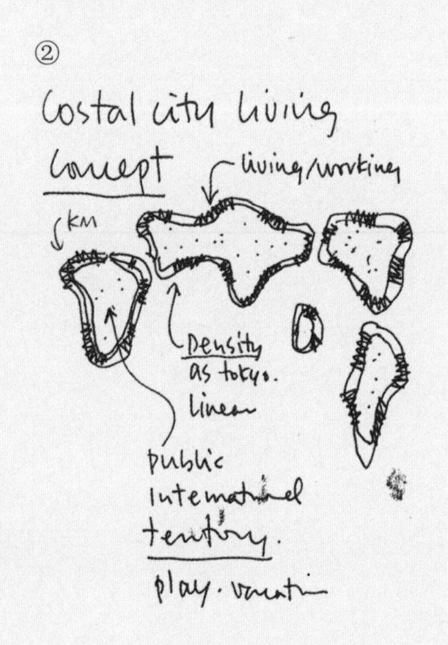

③

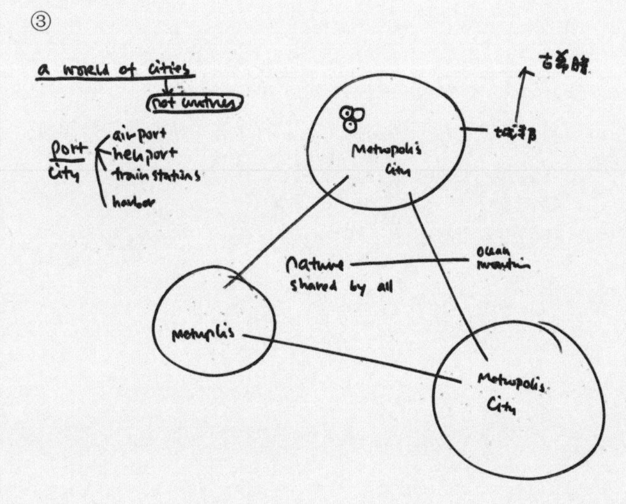

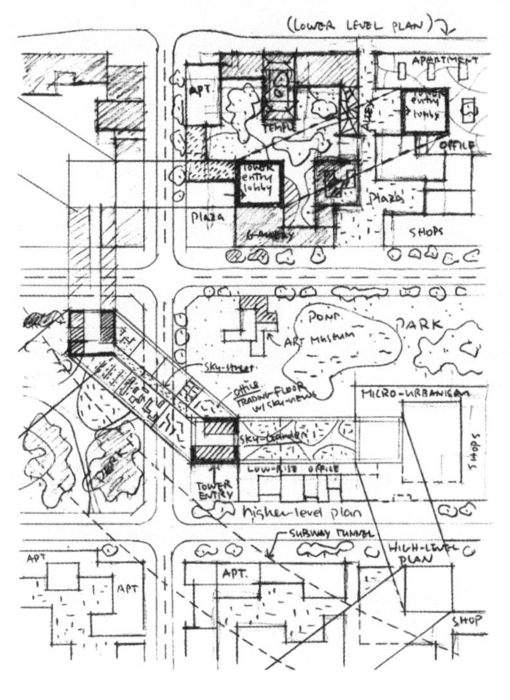

④

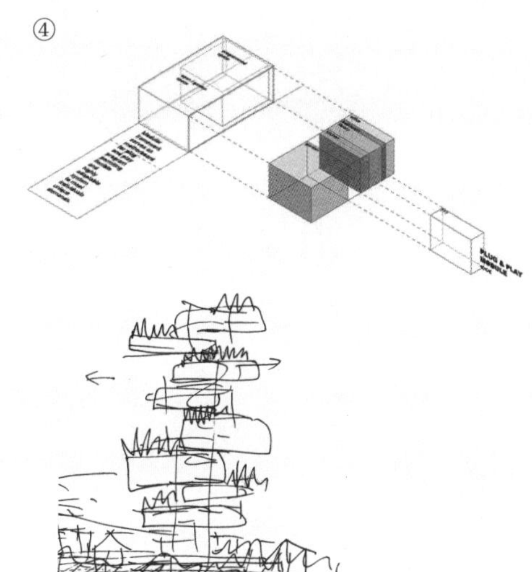

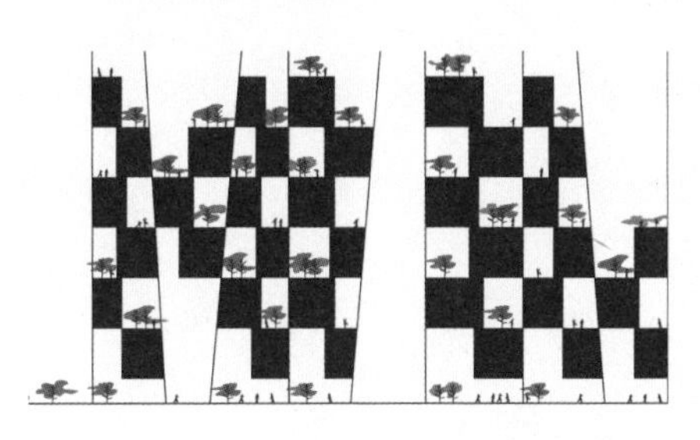

⑤

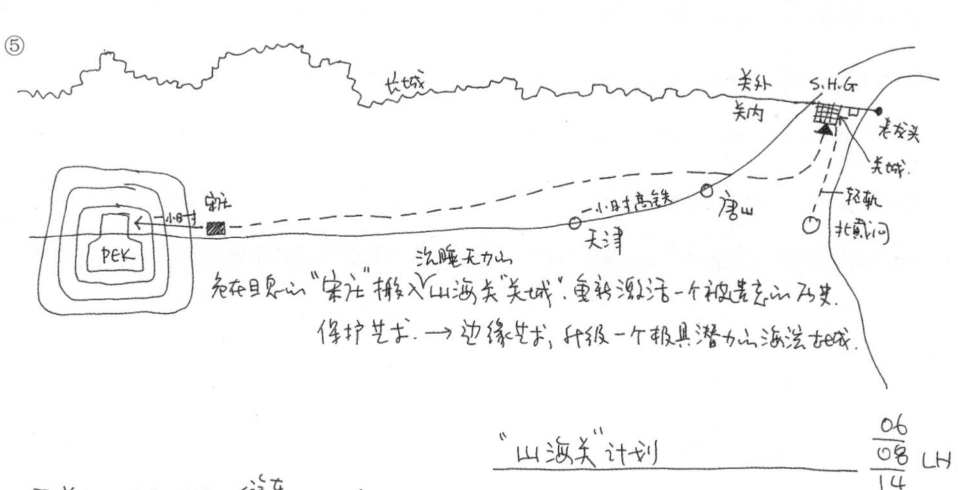

同样的一小时车程 汽车 高铁 到北京中心.

宋庄 → 山海关城

⑥

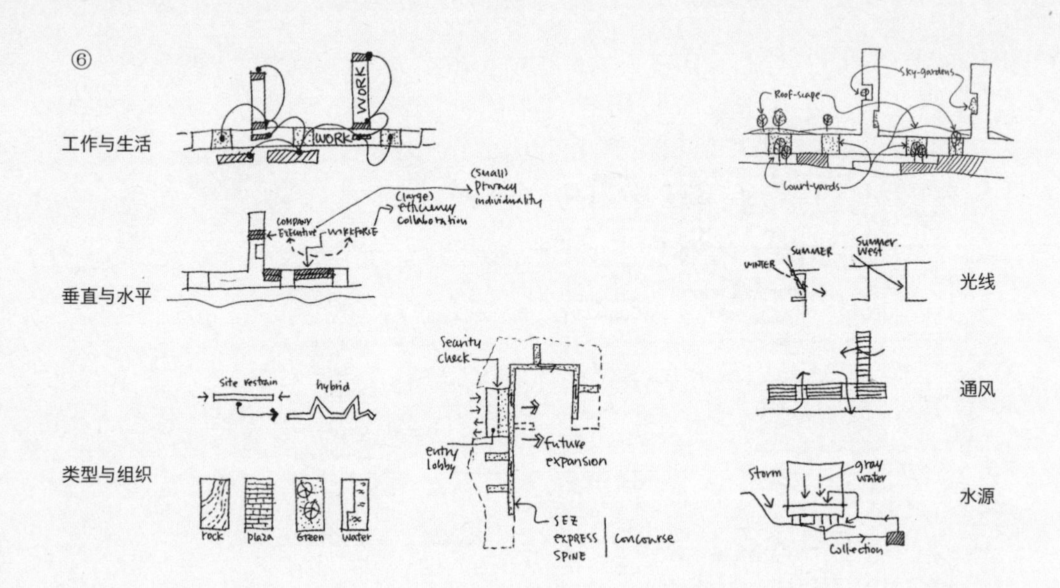
工作与生活
WORK
WORK
垂直与水平
(small)
privacy
individuality
(large)
efficiency
collaboration
COMPANY
Executive
WORKFORCE
类型与组织
site restrain
hybrid
rock
plaza
Green
Water
Security
Check
entry
lobby
future
expansion
SEZ
EXPRESS
SPINE
Concourse
Roof-scape
Sky-gardens
Court-yards
光线
WINTER
SUMMER
Summer
West
通风
水源
Storm
gray
water
Collection

⑧

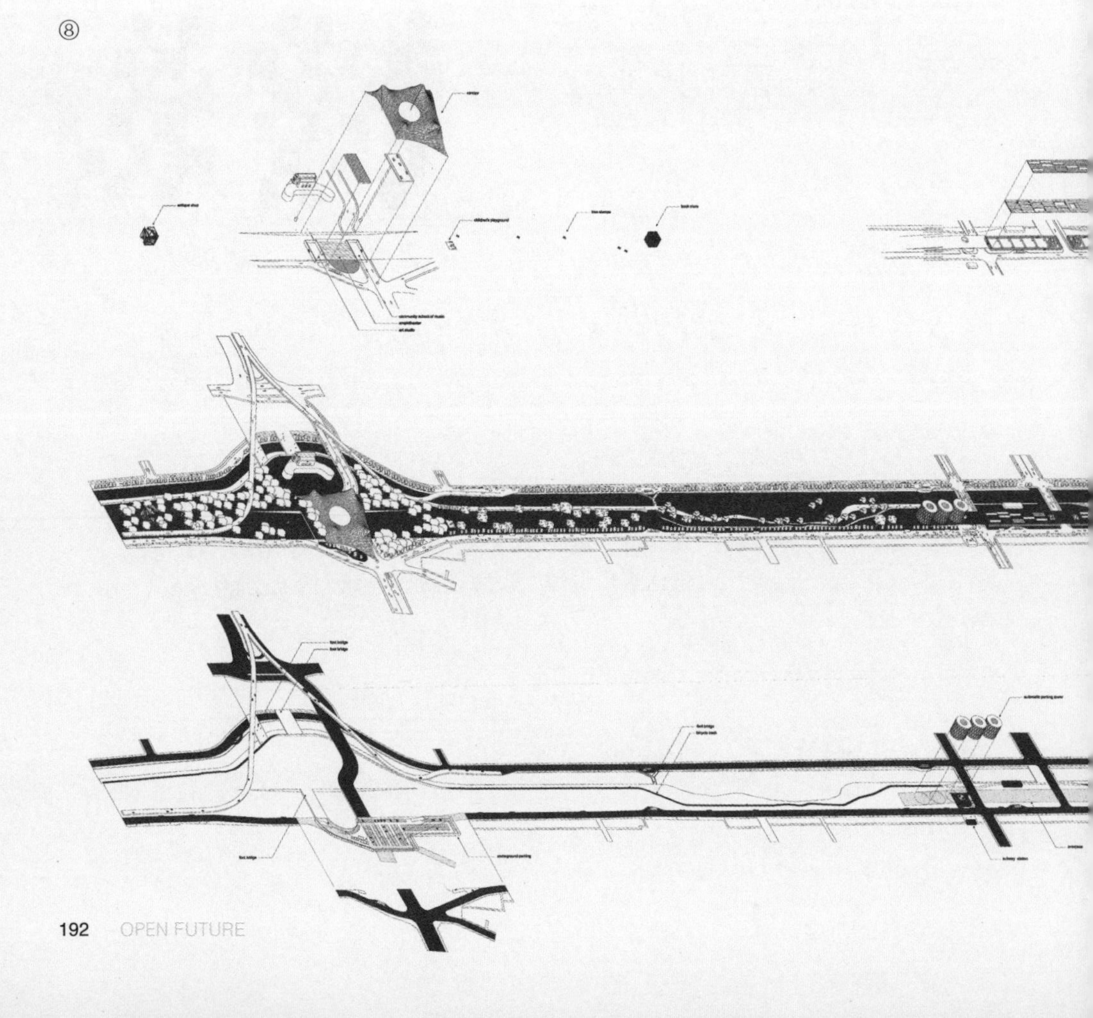

⑥知识之城

通常呈封闭状态的“经济开发区”在这里被架起来成一座漂浮的城市，获得解放的地面为公众提供大量社会公共功能和交往的机会，自然从周围延伸进来。社会与环境的可持续性一样重要。

⑦三公里城市

设想未来的都市由一系列3km半径的微城市组成，微城市由公共交通枢纽连接起来。微城市内部，人们的家、工作地点，餐厅、咖啡馆、商店等等之间，可以方便地通过步行、骑车、滑板等方式快速到达。

⑧二环2049

二环所在的区域，曾经是城市的边缘，如今已是城市的中心，它需要一个不再是代表污染和拥堵的未来，而是一个在这块宝贵的城中心5km²的土地上，再造我们共同梦想的市民公园，恢复生态、创造文化和公共服务设施，成为一个独特的城市中心。

⑦

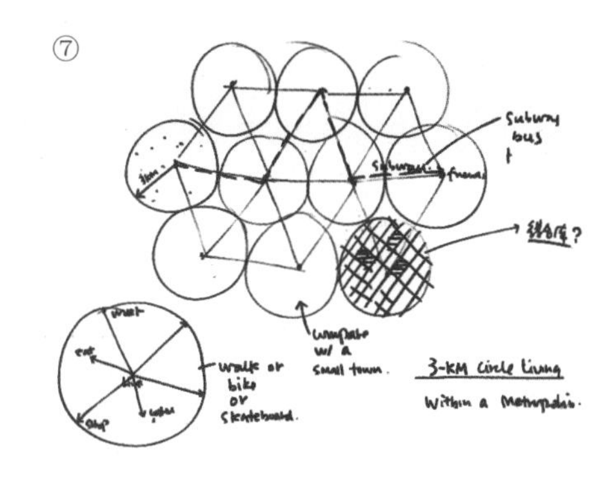

PINGSHAN PERFORMING ARTS CENTER
坪山演艺中心

深圳 2016

近十年来，伴随着经济的腾飞与高速城市化，剧场如雨后春笋般在中国遍地开花。多数剧场外表夸张、功能单一，且远离大众而无法真正融入城市生活，形成一种公共资源上的极大浪费。OPEN 通过竞赛赢得了深圳坪山新区剧院的设计项目，这给我们一个机会批判地去研究和看待中国剧院的发展历程，并由此出发探索演艺建筑的一种新的可能。

OPEN 协助甲方改写和重新组合了任务书，将“正式”的剧院功能，和“非正式”的市民文化教育活动及商业功能结合起来，还增加了一个小型的黑盒子表演空间 (black box theater) 以灵活地满足小型演出的需求。通过打破通常剧院功能单一的局面，使其成为复合的表演艺术中心和真正的公民建筑，并实现运营上的可持续性。

建筑的空间叙事围绕着“正式”与“非正式”的功能而展开。演艺中心的场地相当局促，我们将丰富的功能紧凑地装在一个 80m^3 的漂浮的盒子里。这个“戏剧方盒”在面向公园的东南两侧，自然形成两个广场——南侧的入口广场和东侧的市民广场。“剧场方盒”的核心位置是 1200 座的歌舞剧院。从南侧的入口大台阶和东侧的广场都可以进入一个围绕着这个核心而展开的公共步道系统（public promenade），这个步道曲折变化，串联起与表演艺术相关的文化教育空间、不同楼层的室内外排练空间、黑盒子剧场、顶层多功能厅，以及不同高度上的室外花园，同时使建筑与周边的城市和自然发生一种有趣的对话。

这个建筑是关于一系列表面上对立的元素的互动，正式与非正式、高端与大众、传统与前卫……它们相互交织和环绕，若即若离可分可合，又相互支持与互补，在内容和空间上都构成丰富而有趣的体验。

左图：区位总图

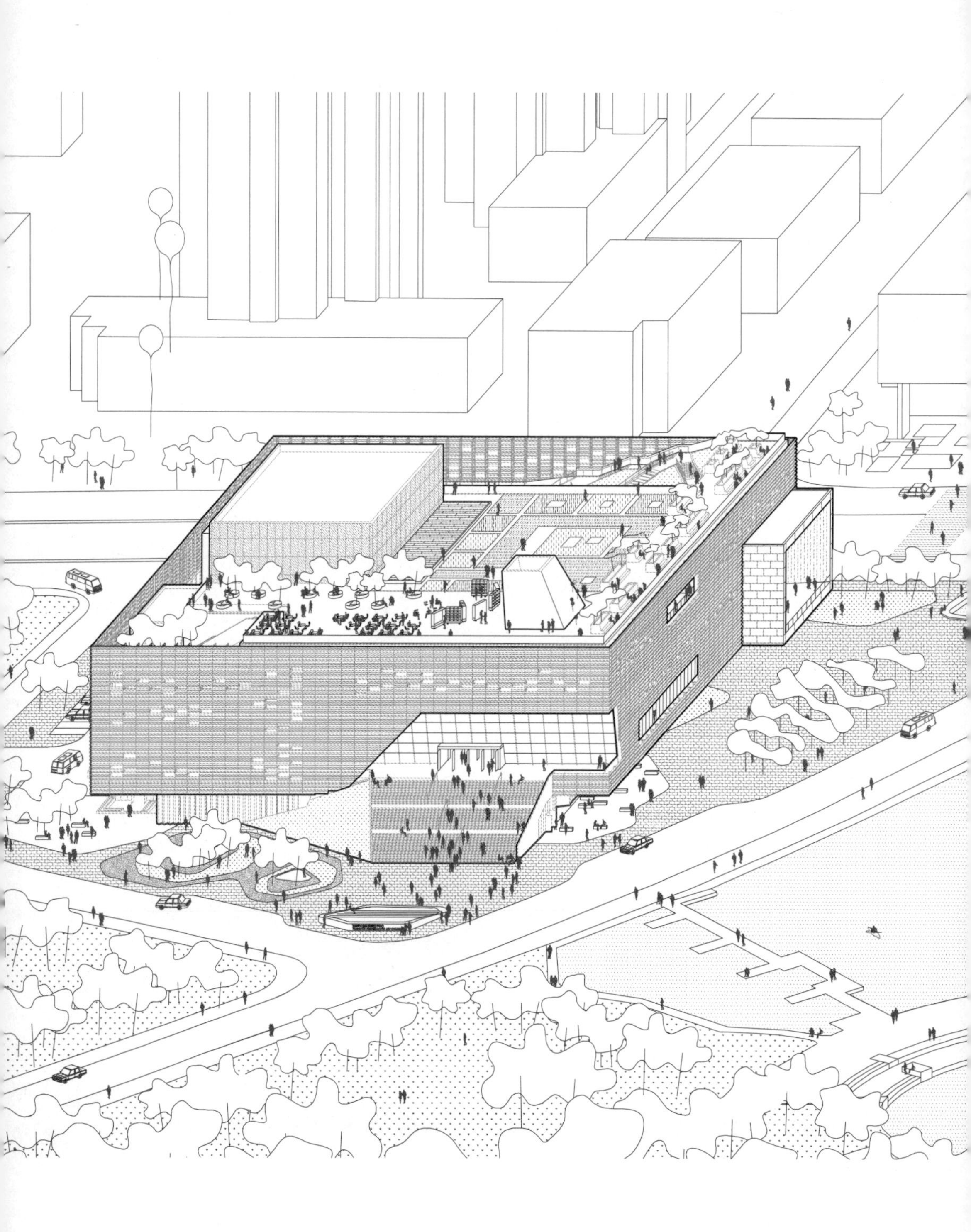

轴测图

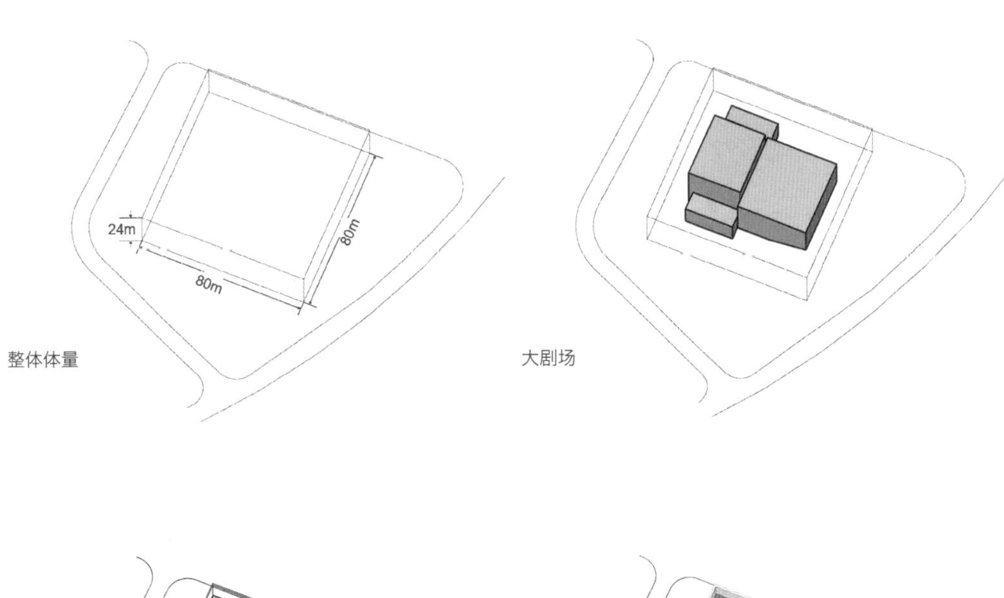

整体体量

大剧场

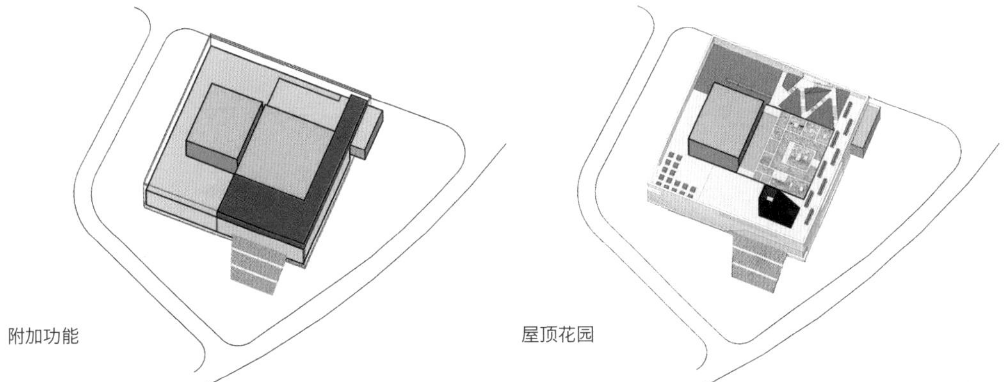

附加功能

屋顶花园

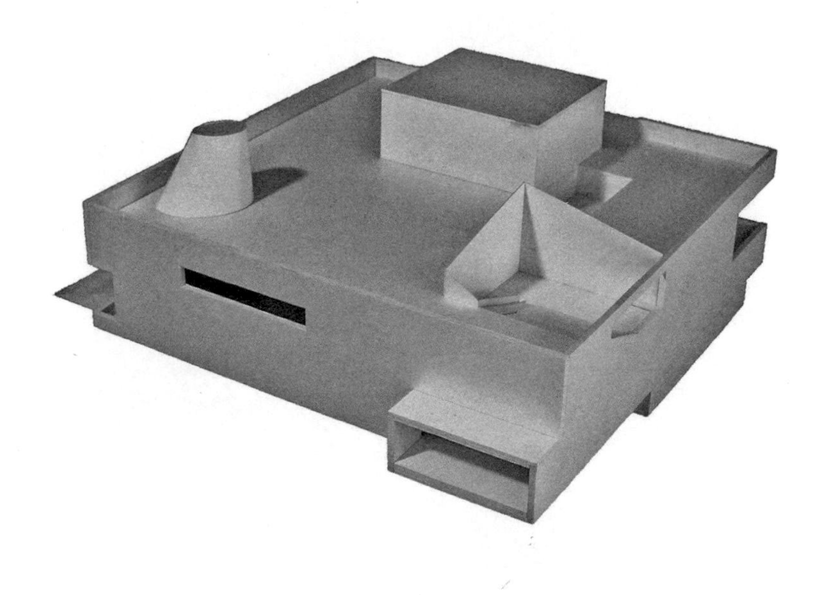

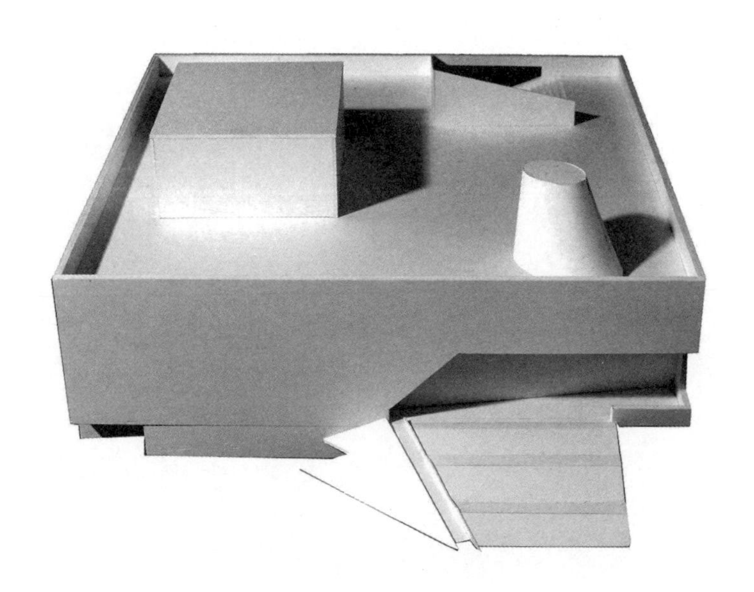

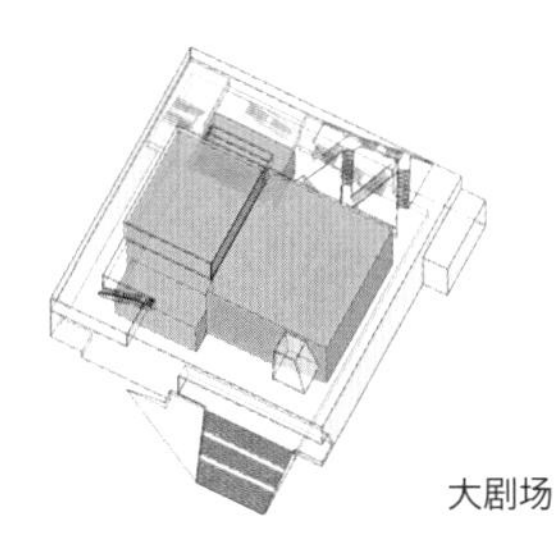

大剧场

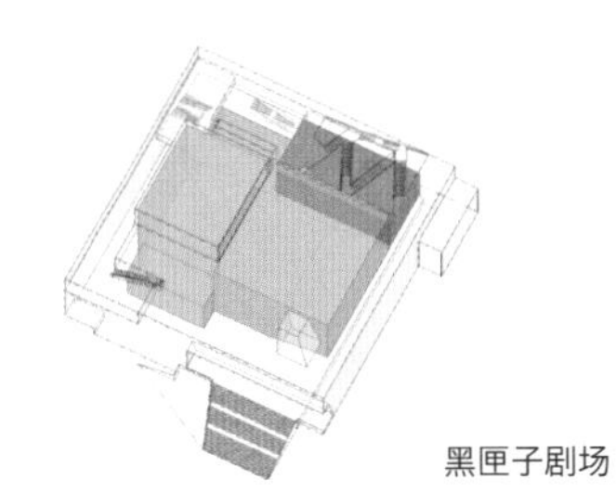

黑匣子剧场

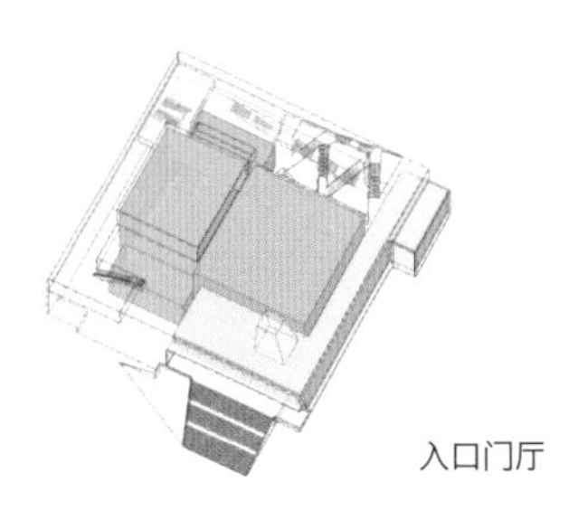

入口门厅

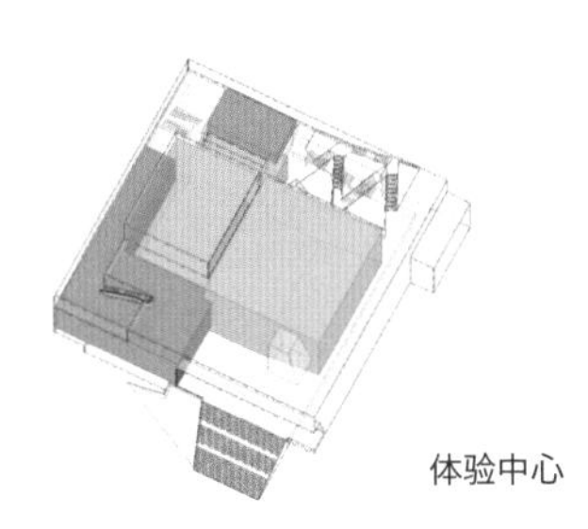

体验中心

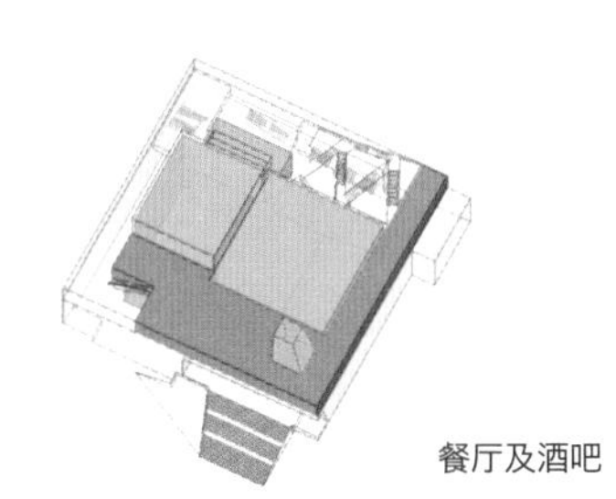

餐厅及酒吧

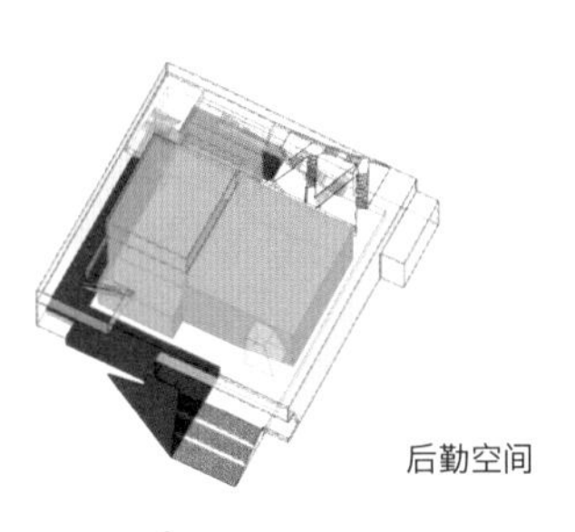

后勤空间

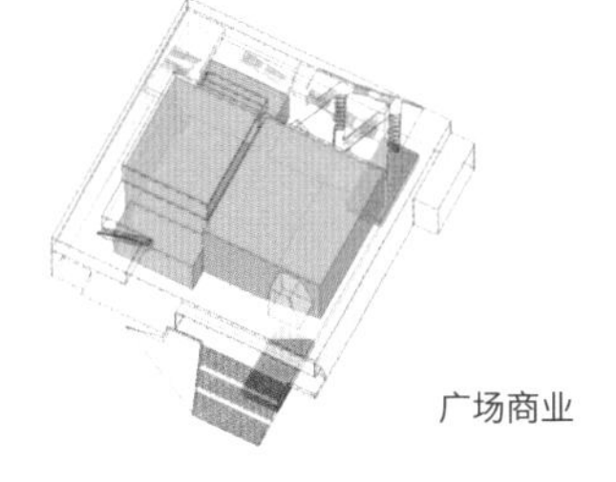

广场商业

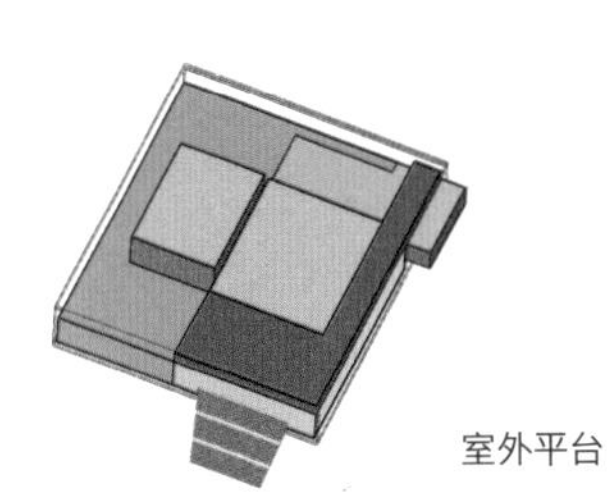

室外平台

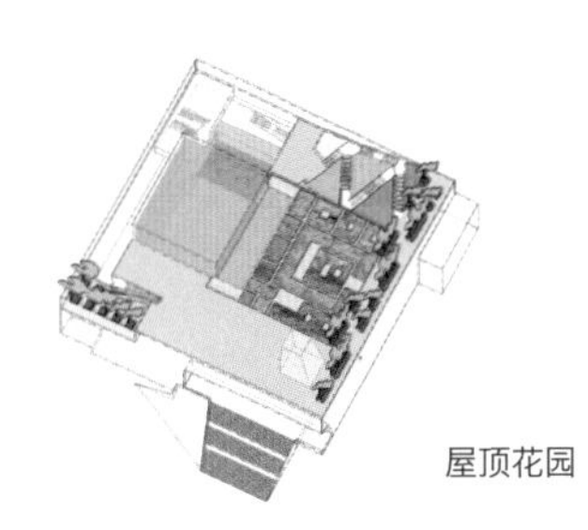

屋顶花园

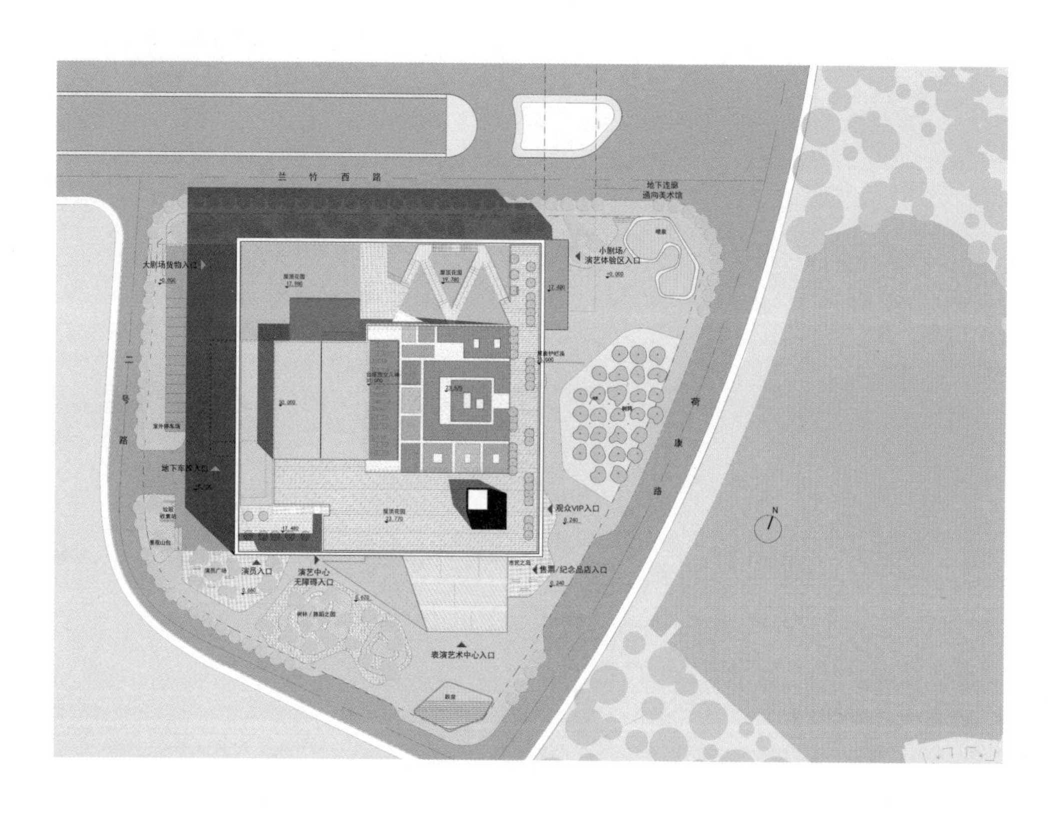
兰 竹 西 路
地下连廊
通向美术馆
小剧场/
演艺体验区入口
大剧场货物入口
屋顶花园
17.990
屋顶花园
19.780
17.490
30.000
23.670
二
号
路
荷
康
路
地下车库入口
观众VIP入口
0.240
屋顶花园
23.770
17.480
演员入口
演艺中心
无障碍入口
售票/纪念品店入口
0.240
0.660
0.670
表演艺术中心入口
N

总平面图

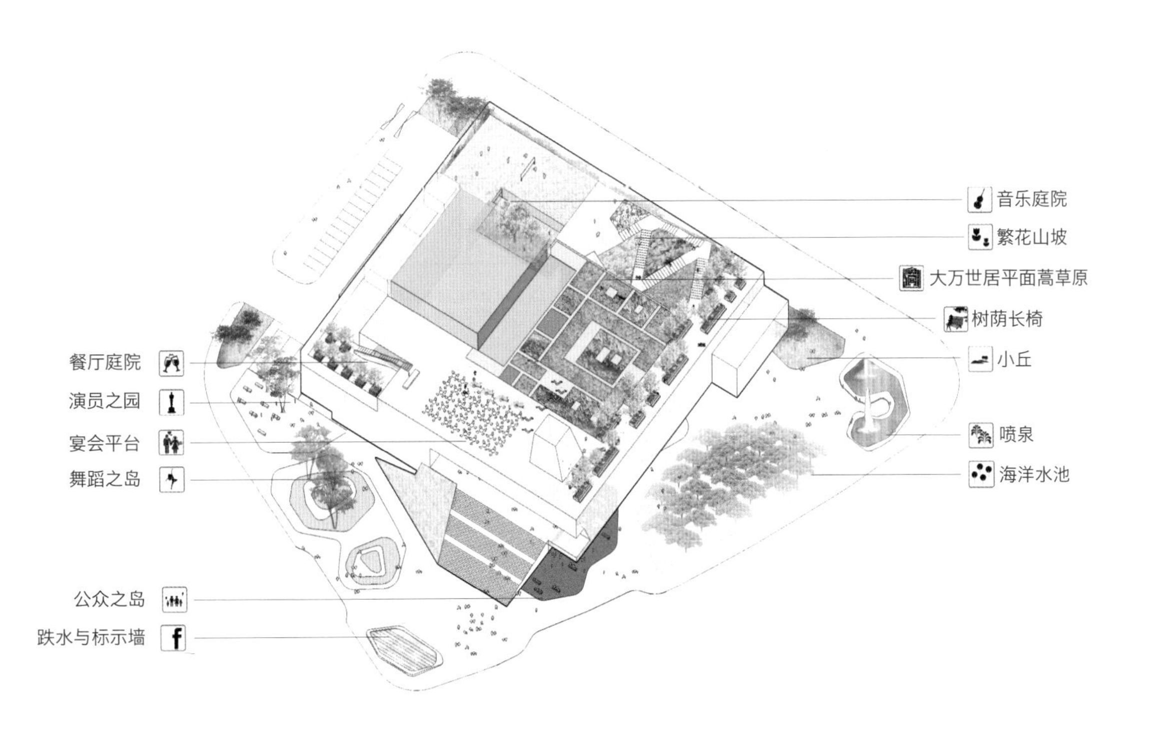
音乐庭院
繁花山坡
大万世居平面蒿草原
树荫长椅
小丘
喷泉
海洋水池
餐厅庭院
演员之园
宴会平台
舞蹈之岛
公众之岛
跌水与标示墙

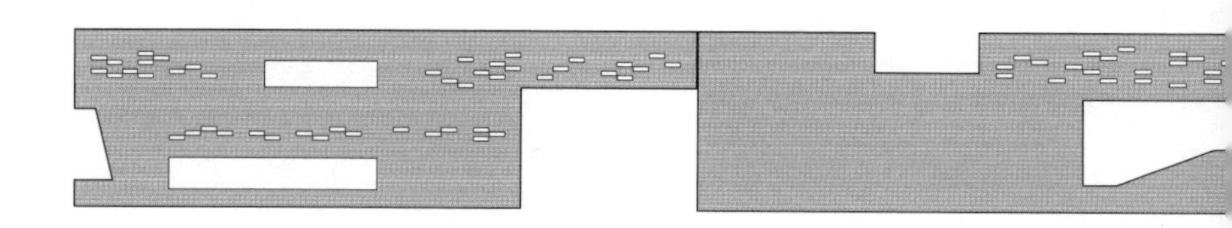

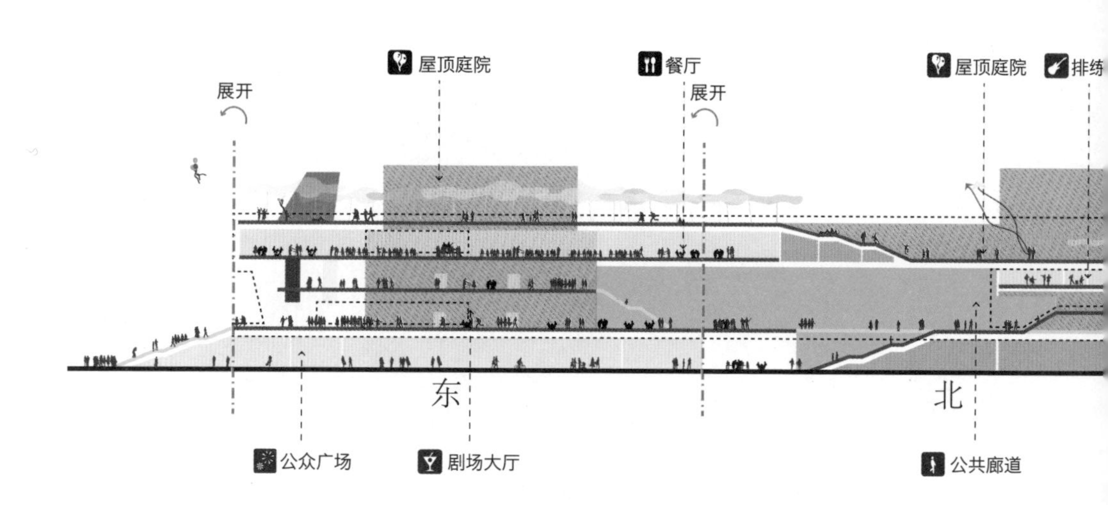

上图：展开剖面

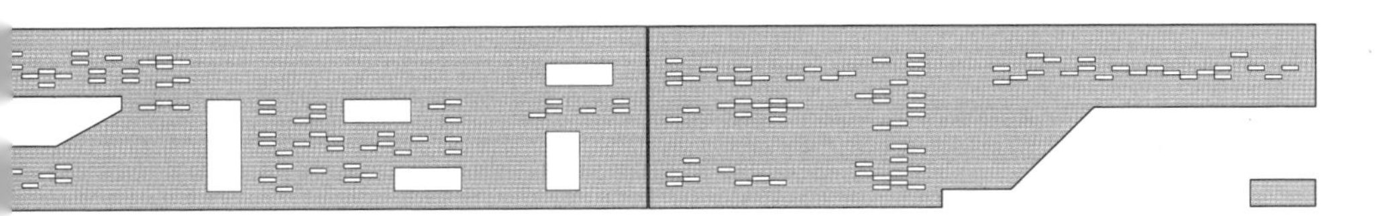

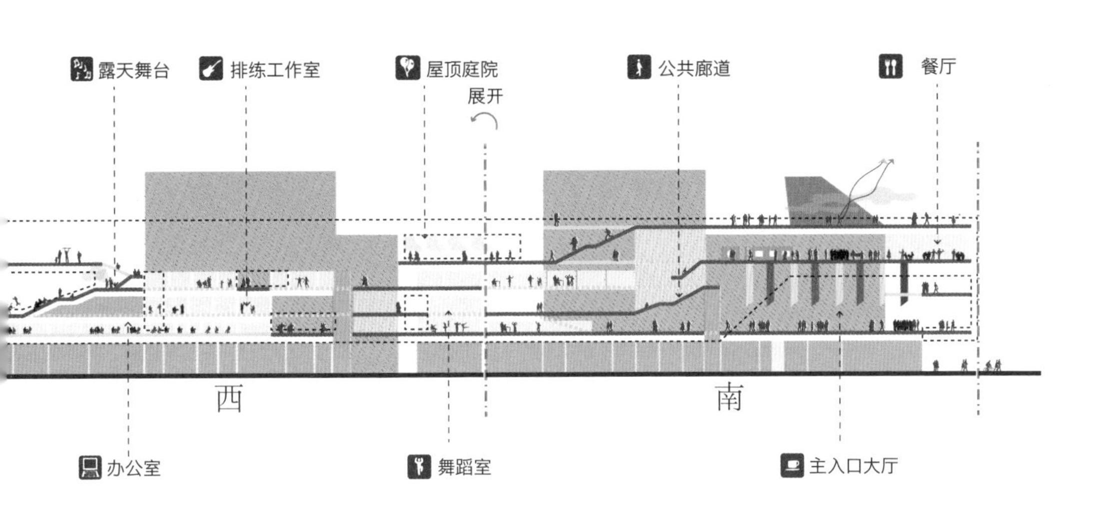

下图：内部公共空间序列

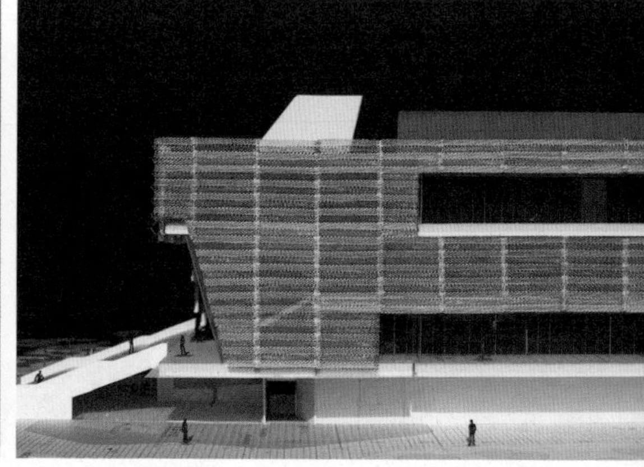

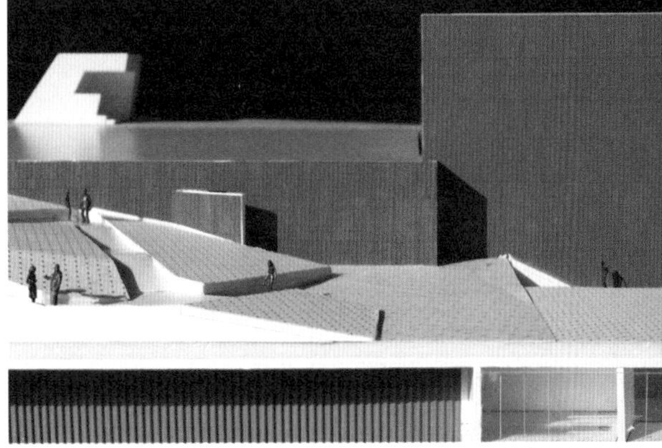

空间研究模型

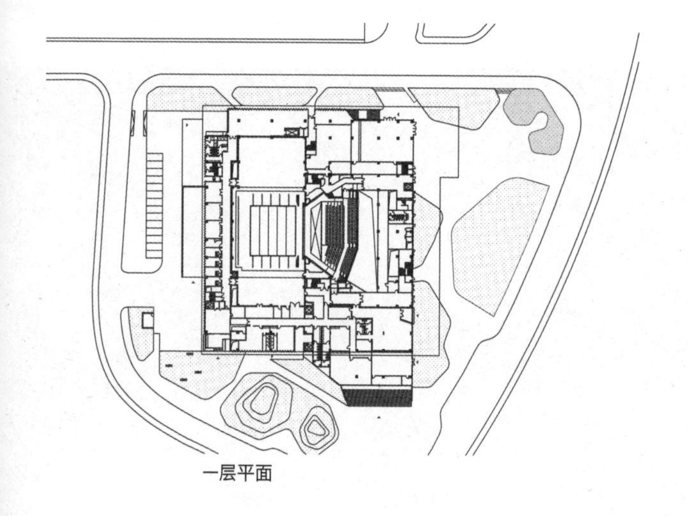
一层平面

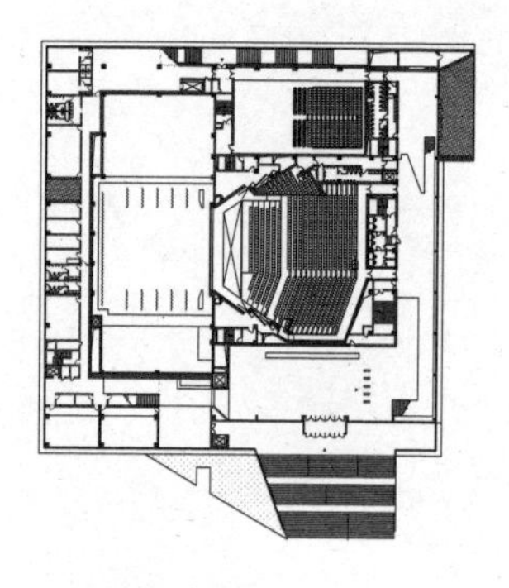
二层平面

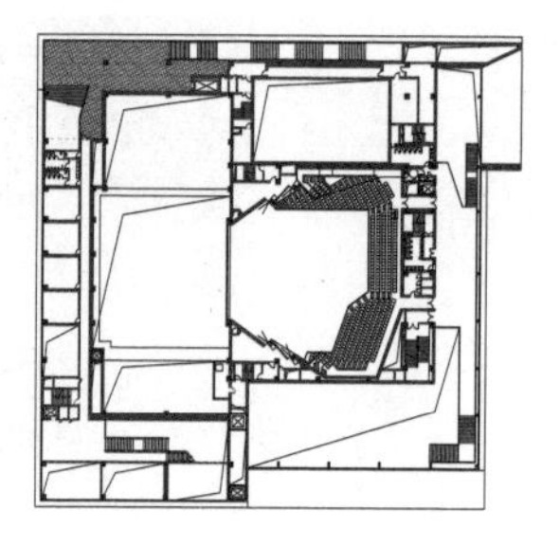
三层平面

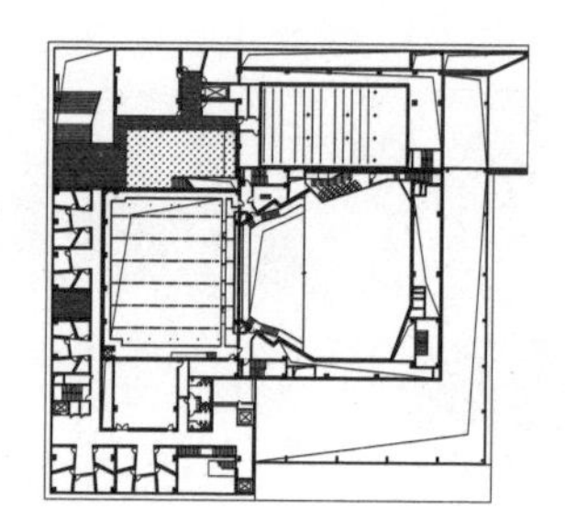
四层平面

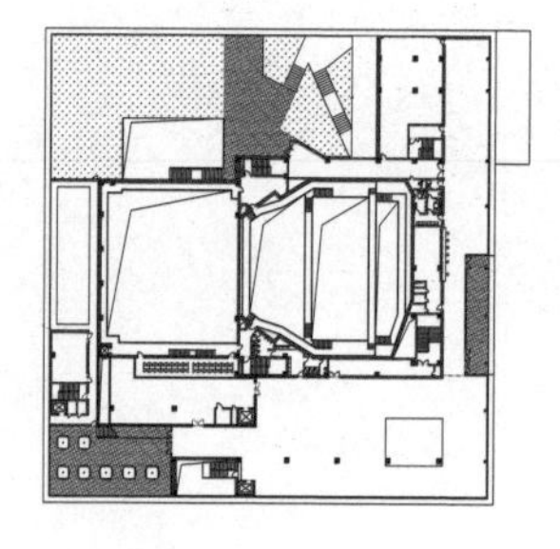
五层平面

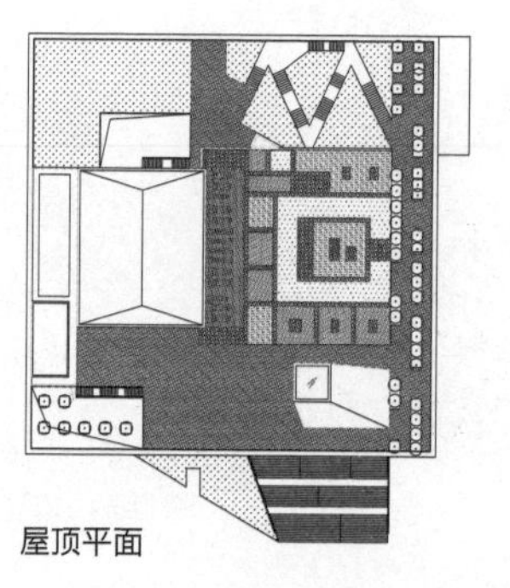
屋顶平面

上图：剧场渲染图 | 下图：黑匣子剧场

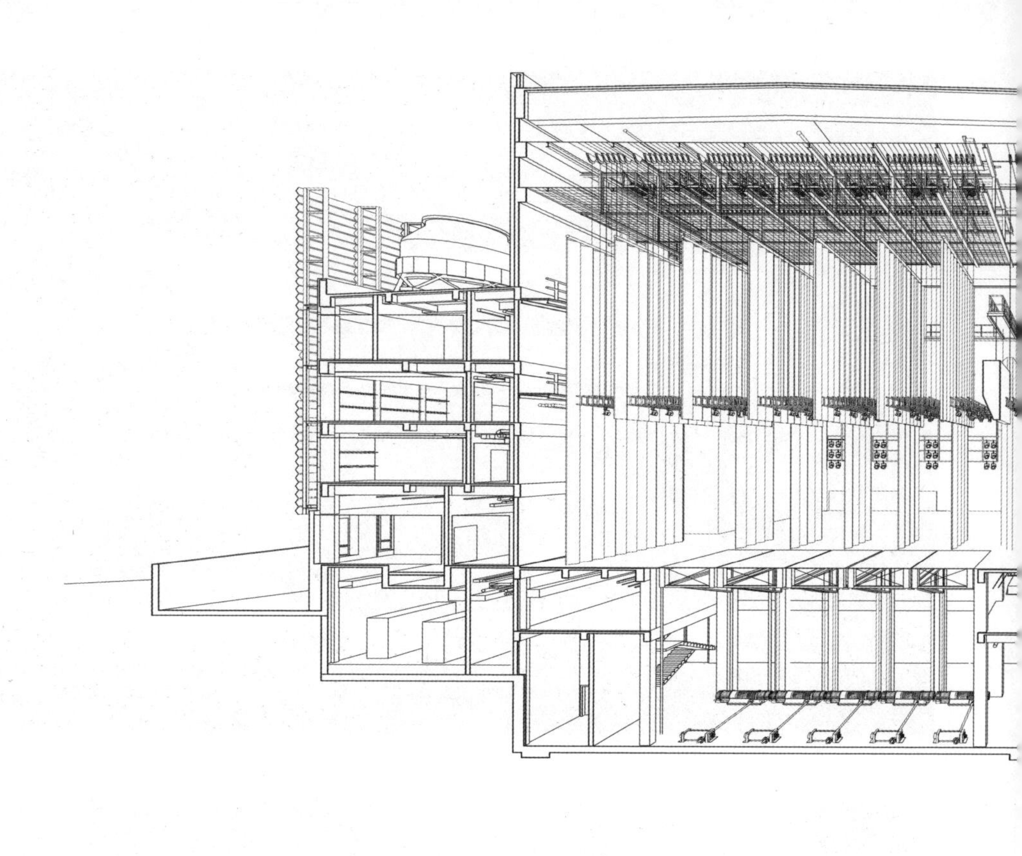

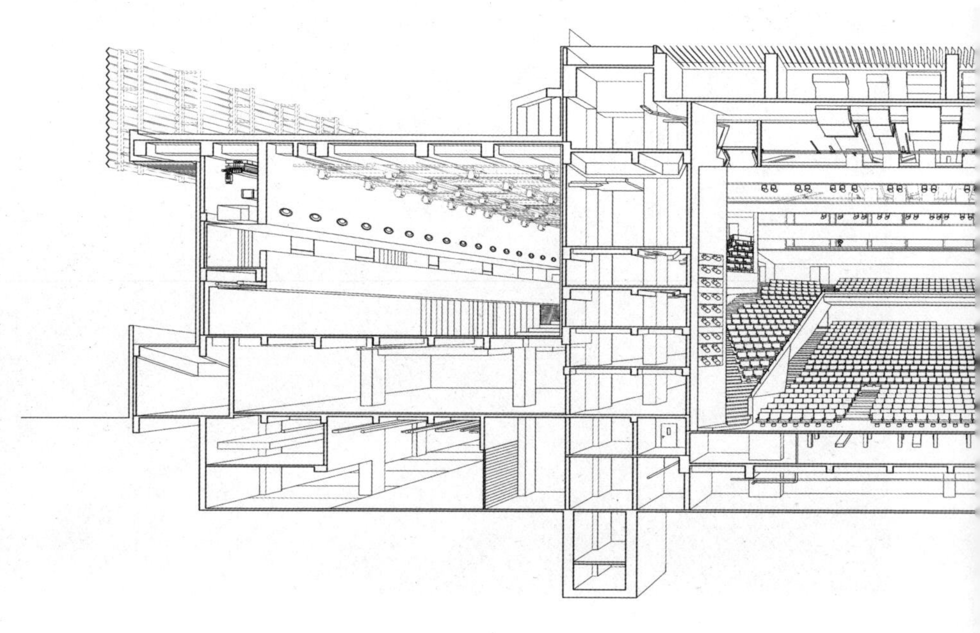

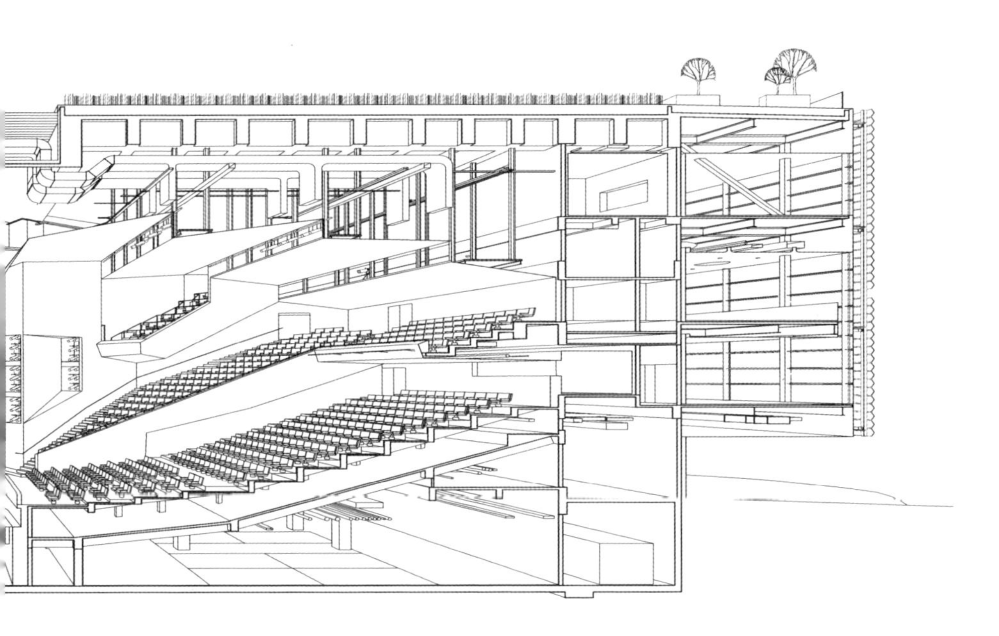

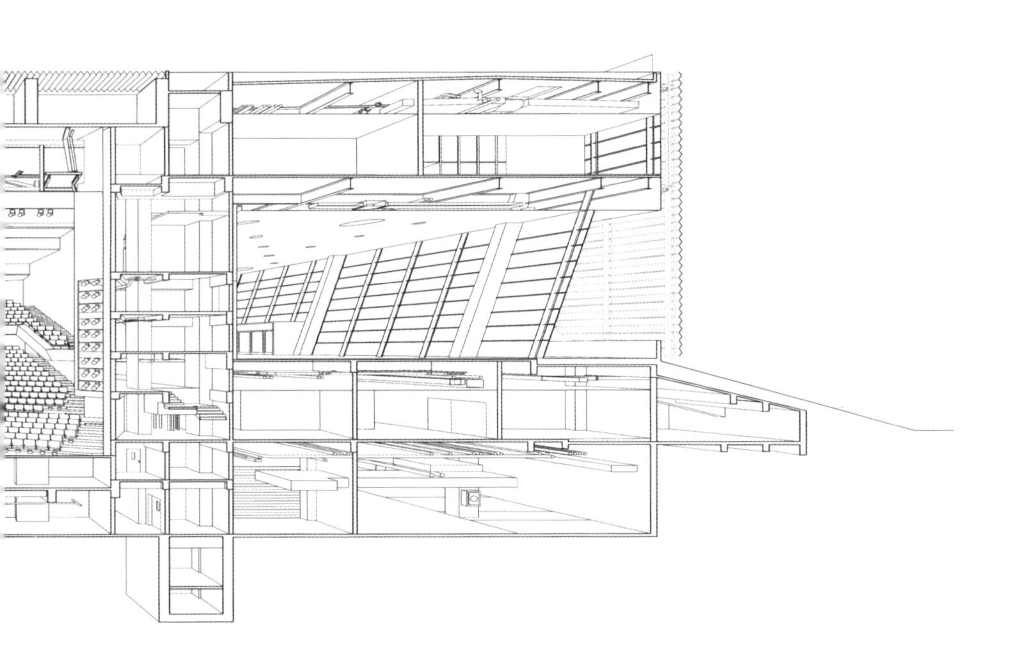

剖透视

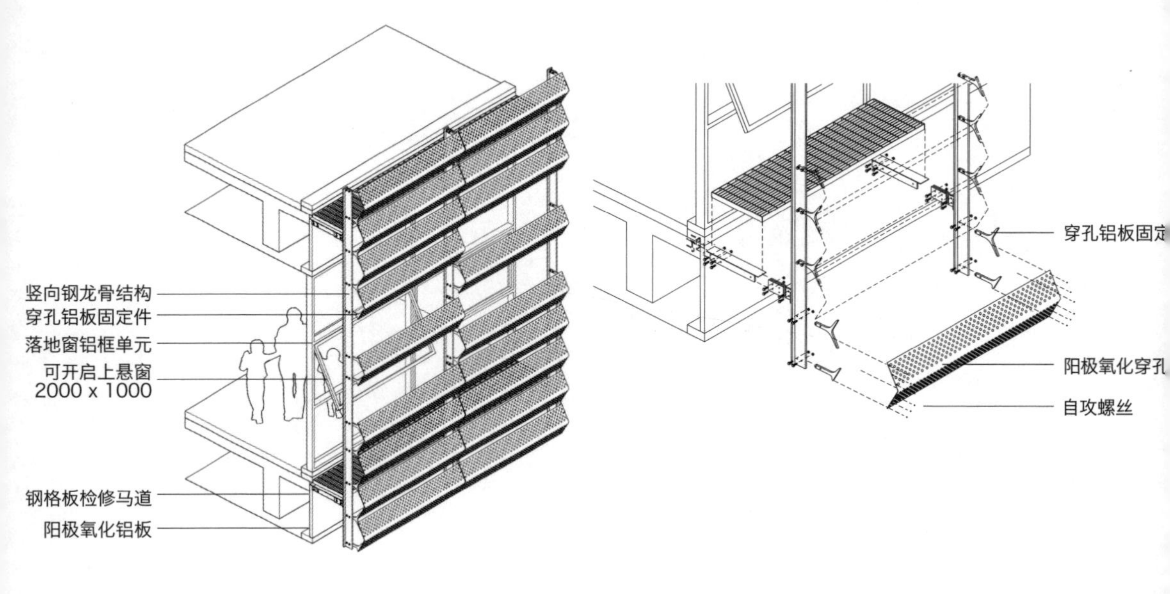

戏剧化的内容和空间，投射在这个“戏剧方盒 / drama box”的外立面上，产生了与此呼应的戏剧表皮。这个表皮也是为深圳气候条件而设计的一种双层复合生态表皮，外层的 V 形剖面单元的穿孔铝板，有效地遮掉夏日的阳光，并保持着足够的视觉通透性与自然通风。到了夜晚，穿孔铝板透出后面丰富的活动，与其结合的数字控制LED灯幕可以显示信息或者数字艺术，生态表皮变身成为戏剧表皮。

这是一个疏松多孔的盒子，深入在建筑不同高度上的户外花园与平台，将引入丰富的植物，创造宜人的室内外环境，结合雨水回收、太阳能利用、可渗透地面等一系列节能环保措施，这个演艺中心也希望在绿色及可持续性方面突破剧院建筑作为高能耗建筑类型的固有思维。

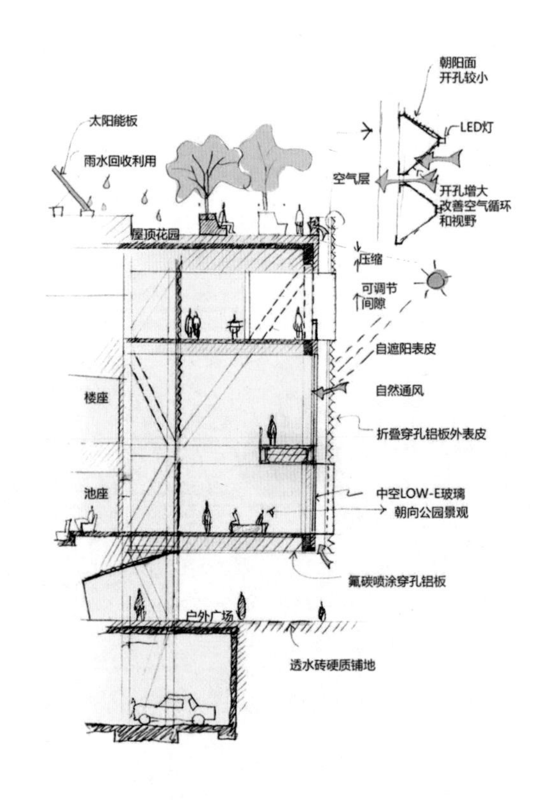

上图：室外遮阳系统设计 | 下图：节能策略图解

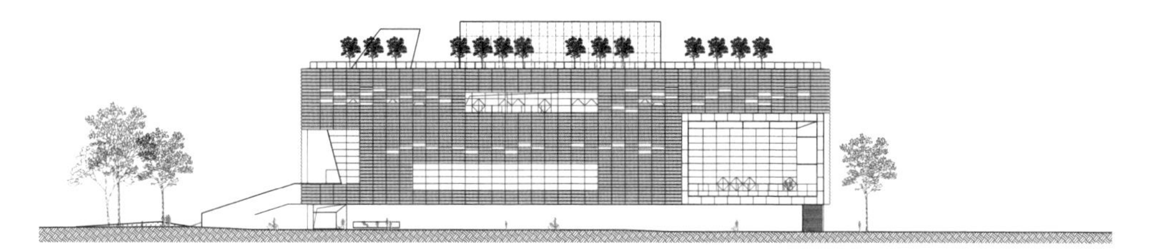

东立面

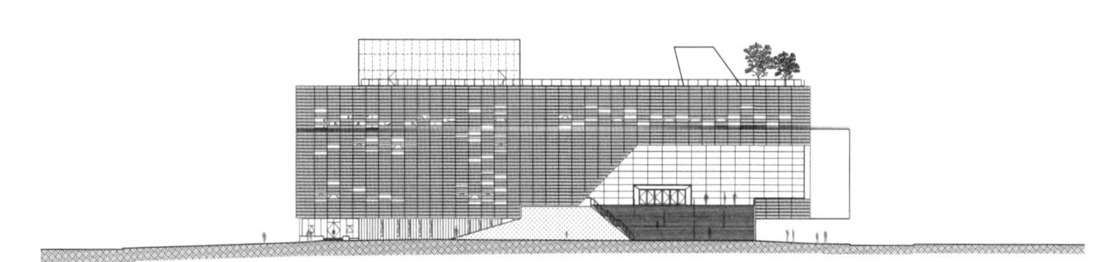

南立面

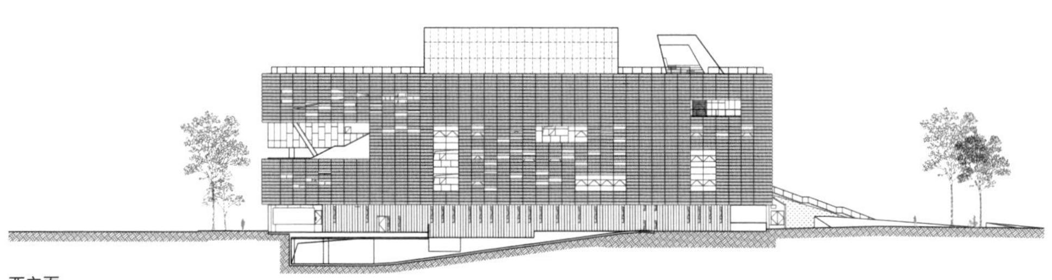

西立面

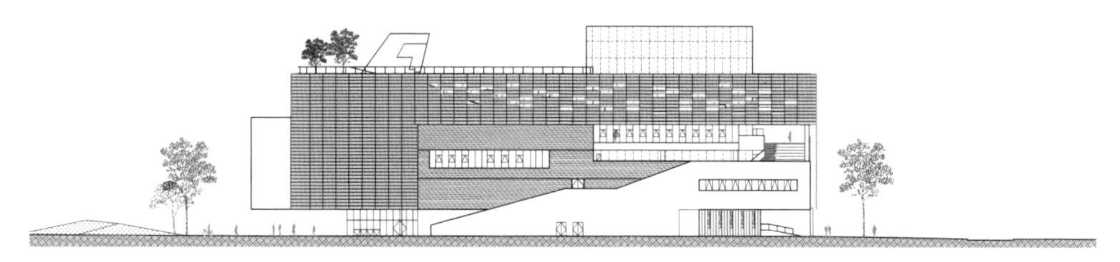

北立面

POSTSCRIPT

后记

由曼哈顿回到北京的启蒙建造者

青锋

在众多分析这位意大利建筑师的文字中，最为传神的仍然是卡洛·斯卡帕对自己的描述：“我是一个经由希腊来到威尼斯的拜占庭人。”将自己与一个延续了超过1000年，但也已消亡近600年的帝国相联系，斯卡帕的文字恰如其建筑，被历史的厚重与暧昧所环绕。而这句话的精妙之处还在于，它将建筑师与一座城市，乃至于一个文明的历史相贯通。拜占庭对威尼斯的建筑影响早已记载在圣马可大教堂的石头上，在其背后是东方帝国与威尼斯庞大海上贸易网的密切勾连。而希腊对于整个意大利文明的影响则是深入骨髓，这种文化转移最后一次史诗般的事件就是拜占庭学者从帝国的颓影中前往意大利，进而将许多在意大利近乎失传的古希腊文明成果带回亚平宁半岛。这一事件成为文艺复兴的重要导火索之一，很难否认拜占庭学者普莱桑（George Gemistus Plethon）关于柏拉图的哲学比亚里士多德更为重要的论断，与中心集中式教堂对拉丁十字模式的挑战之间紧密的逻辑联系。由此可见，在这个短句之中，斯卡帕融合了自己的幻想、历史的承续以及地域与文明上的迁移，仿佛另外一个文本化的纲德兰德空间（Cangrande Space），不同的时间片段与复杂的历史意义浓缩在纲德兰德大公神秘的微笑中。

或许因为这段文字过于精彩，笔者不得不笨拙但虔诚地模仿它来描述那些带有相近特征的建筑现象，这里所指的主要是地域与文化的流转。OPEN在中国的十年实践，就呈现出这样一个有趣的案例。从曼哈顿到北京的旅程既是现实的搬家，也是他们很多建筑与城市实践的解释。但这种表象不应该掩盖一种深刻的认同，OPEN的根本性关怀实际上更接近于18世纪的启蒙理想，如果我们可以接受20世纪的拜占庭人，那么21世纪的启蒙建造者也仍然值得关注和讨论。

曼哈顿

OPEN事务所位于当代MOMA二号楼顶层的悬挑楼体当中，这是李虎在斯蒂文·霍尔（Steven Holl）位于纽约的事务所中主持完成的项目，也是中国最具特色的高层建筑之一。这里最具冲击力的当然是大尺度悬挑的楼体以及摩天楼顶部的大跨度环廊。与CCTV新大楼一道，当代MOMA将20世纪60年代所盛行的现代主义巨构（Mega-Structure）转化为现实。在摩天楼这个高度模式化以至于令人厌倦的建筑领域，这一迟到近50年的成果仍然令人激动。理念与现实往往并不同步，但很多理念的力量并不随时间流逝所消失。

相比于改造厂房、库房以开办事务所的时髦做法，OPEN将事务所选址在摩天楼当中无疑呈现出强烈的曼哈顿特色。哈德孙河入海口这座小岛的照片早已被固化为摩天楼城市的代名词。这里同样记载着摩天楼历史上最为悲剧的事件，世贸中心及其替代者将曼哈顿的摩天楼传奇从19世纪延续到今天。在《疯狂的纽约》（Delirious New York）中，库哈斯多方位地展现了摩天楼城市的奇妙与怪诞，无论是奇装异服的建筑师，还是在竞技俱乐部大楼9层带着拳击手套赤身裸体的吃牡蛎的男子，这些新奇的现象都是摩天楼的产物。而库哈斯最成功也或许是最失败的语句之一，则是："曼哈顿是那些可能发生但从未发生的灾难的集合（Manhattan is an accumulation of possible disasters that never happen）。"失败在于灾难的确发生了，而成功在于可能性的积累仍然没有吓阻使用者对危险的藐视以及对摩天楼的信任。将自己的办公桌放在出挑楼体的最高、最远端，李虎、黄文菁有意或者无意地宣示了这种曼哈顿式的摩天楼情结。同样的立场展现在OPEN作品集中不断增加的摩天楼项目中。

中央公园是曼哈顿给其他摩天楼城市的另一个"馈赠"。借用这个因《舌尖上的中国》而变得风雅的词汇是因为OPEN怀念中央公园的方式就是吃。李虎常常会提到中央公园的葱绿与开放，但是我们两倍于中央公园的奥林匹克公园显然无法惠及这些摩天楼爱好者，于是建筑师与其他劳动者一块儿将屋顶改造成了"中央菜园"，在北京雾霾中，这些植物顽强地生长着，最后成为OPEN烧烤Party的食物，这是一种非常中国化的方式接受"自然的馈赠"。

尽管我们可以用资本主义、金融吸血鬼、消费都市这样的标签将曼哈顿打入地狱，但是这些概念在几十万曼哈顿"老百姓"年复一年日复一日的生活面前往往显得缺乏说服力。李虎与黄文菁曾经是这些“老百姓”中的一员，或许他们比照片欣赏者或新闻浏览者们更有资格评价那里是天堂还是地狱，抑或是悲喜交加，也可能平淡无奇。不管是接受还是拒绝，OPEN的身体力行让曼哈顿从一个符号转变为可以触及的现实。

北京

在美国工作10余年，并且成为斯蒂文·霍尔事务所合伙人之后，带着两个年幼的孩子回到北京，OPEN创始人李虎与黄文菁夫妇的这个举动多少有些《回到拉萨》的摇滚气质。这当然不是因为放弃了外国人的高薪聘请，毅然回国的故事，而是因为自愿选择这个被烟尘、权力、金钱、内幕所笼罩的城市所带来的疑问：有必要来趟浑水吗？

或许最好的解释还是前面提到的，曼哈顿式的对危险的藐视，甚至是热爱。回到OPEN的办公室，从李虎黄文菁的窗户看出去是一个典型性的北京景象。川流不息的机场高速，少有人烟的绿地，无人泛舟的河流，以及鳞次栉比的多层住宅与摩天楼。左家庄路与香河园路交叉道口这个地点的复杂性，由城墙的历史布局与当代城市的功能需求共同造就，就像西直门与广安门区域一样，这里非常容易让人迷路，自身也缺乏吸引力。

所以我们可以再次将OPEN的办公地点选址解读为对北京复杂性的钟爱。好在这个非常牵强的论断可以有更多的证据来支持。他们对北京二环路的改造设想当然是直接的证据，这或许是对左家庄道口尴尬环境的一种补救。

启蒙的特征

上述两点最多只能算是对建筑师一些立场与倾向的描述，它们并不足以解释OPEN作品的核心特征。毕竟，那些在中国开设分支机构的美国名牌设计公司也大多符合对曼哈顿与北京同时抱有情感的条件，我们需要能真正体现OPEN独特性的描述。而在笔者看来，这就是“启蒙建造者”（Enlightenment Builder）的概念，从某种程度上来说它与曼哈顿与北京都没有必然的联系，那是因为这一因素的起源可以回溯到更早以前的学院时代，回溯到李虎对勒·柯布西耶的沉厚情感，以及这种情感根系中现代主义与启蒙理性的血缘关系之中。

首先，我们需要论证OPEN作品中的启蒙特征，这当然需要作品来发言。在笔者看来，OPEN十年的实践体现了如下几个与启蒙理性密切相关的特征，分别是：公共领域、机构重塑，标准化的丰富性以及偶然的潜能。

公共领域

公共领域（Public Sphere）的概念有赖于哈贝马斯（Habermas）的《公共领域的结构转变：对资产阶级社会一种范畴的探讨》（Structural Transformation of the Public Sphere: An Investigation of a Category of Bourgeois Society）一书而为人所熟知。 在这里，作者描述了一个热衷于理性讨论的知识分子团体。18世纪初，在日益强烈的自由氛围里这一团体在沙龙、俱乐部、咖啡馆中出现。在这些场所以及相应的文献媒体中，人们自发组织起来，围绕同一目标，展开独立无限制的理性探讨。这种类型活动的载体就是公共领域，它的主要特征实际上是由活动，而非空间品质所决定的。

尽管很多学者质疑18世纪是否真的有这样理想的场所或者活动，但这并不影响公共领域作为一种启蒙理想存在。尽管古希腊与古罗马的城邦文明中有过类似的公共领域，但那仅仅属于特定的人群，而只有在启蒙时代，这种平等自由的理性讨论才被扩及所有人。最经典的证据当然是康德的《对什么是启蒙一问的回答》（An Answer to the Question: ‘What is Enlightenment’）一文。康德的简短回答是 Spere aude，意为“敢于明智！有勇气使用你自己的理智。”但这还不够，“人类理智的公共使用必须保持自由，仅此一点就能为人类带来启蒙。”

了解这样的历史背景，我们才能对OPEN处心积虑的一些做法感到同情。哥大北京建筑中心就是由公共领域的理想所驱动的。这里不仅是哥伦比亚大学建筑系学生的学习基地，更为重要的是它已经成为北京城中一个活跃的建筑中心。一系列的X微展、X讲座以及X会议已经让这间旧仓库转化为重要的建筑论坛，各种观点、立场的开放交锋与碰撞不时发生。这些活动内容甚至让人忽视了OPEN为仓库改造所做的设计。但这恰恰是公共领域的精髓，人们来这里不是观赏建筑，而是参与讨论，建筑的隐退让事件的热烈浮现出来。

同样，关注公共性、开放性与参与性的是OPEN近期完成设计的坪山演艺中心。业主要求的是一个标志性的大剧院，而OPEN提供的是一个复合功能体，其中包括了剧院、餐厅、展览厅、文化教育空间等能够独立于剧院向大众开放的场所，它们被一条公共步道所联系，围绕核心的剧场方盒盘旋展开。OPEN对公共活动的慷慨在一开始甚至激怒了只关注剧院的甲方，而这个理念最终得以实现则有赖于李虎与黄文菁出人的说服力。这一艰苦的工作当然需要信仰的支撑。

任何专业观察者都不会忽视OPEN作品中大量使用的底层架空或者是高层架空的手法。它源自现代主义将建筑基地出让给公共活动的淳朴理想。而OPEN前进的一步是更深入地塑造了这些被让出的区域，从而能够更有效地激发公共活动的产生。从之前的万科总部到北京四中房山校区，这种手段的感染力依然清晰可见。

机构重塑

如马克斯·韦伯（Max Weber）所说，通过组织化的机构来实现社会的理性管理是现代社会的重要特征。1671年法兰西建筑学院的建立就是希望能够规范全国范围的建筑活动与设计水准。从18世纪后期开始，越来越多的国家模仿法国建立国家建筑学院体系，这也是机构化建筑教育的起始。今天我们仍然受到这一机构体系的深入影响，甚至有愈演愈烈的倾向。而在其他领域，大量机构与制度的诞生都可以追溯到启蒙时代对社会现象、组织管理的理性研究。

在中国，机构与体制的密切纠缠让很多人对它们抱有怀疑，这似乎在演变为一种先天正当的行为。然而，这种标签化的态度显然忽视了韦伯论断的深刻性。要抨击特权机构很容易，但是要愤然脱离当代社会的安保体系、卫生体系、经济分配体系等等却是困难的。一个启蒙信仰者必然的选择是不断改进机构，而非自欺欺人地简单摒弃。

OPEN所参与的机构建设主要集中在教育领域。他们近年所完成了北京四中房山校区、歌华营地体验中心以及清华大学深圳海洋中心。正是在这些项目中，OPEN展现出不同寻常的突破常规机构建筑模式的能力。北京四中房山校区在高效率利用土地的基础上营造地面场地的起伏，再加上对常规鱼骨状教学楼体系的改造，一种全新的校园建筑模式已然诞生。在歌华营地，现代主义开放平面与特殊的参与式教育模式相辅相成，建筑的通透与清晰与孩子们的天真相互映射。而在清华海洋中心，公共领域的概念被大面积的置入竖向楼体当中。与其说是改造，不如说是回归到大学这种机构的初衷，那就是在公共场所的开放探讨，就像苏格拉底与他的朋友们所做的那样。

标准化的丰富性

以赛亚·柏林（Isaiah Berlin）曾经分析道，启蒙运动的主要目标之一是在人文社会科学领域建立牛顿式的科学体系。而牛顿体系的魅力在于，只用几个简单的量及其相互之间可以预测的关系，就可以解释无穷无尽的现象。简单性与复杂性之间获得完美的和谐。

在这一逻辑推动下，对标准单元的研究成为其他一切的基础。而对启蒙思想家来说，最值得探索的标准单元就是人，于是会有休谟（David Hume）的断言“人性的原则与运作方式永远保持不变。”同样的假设也支撑着CIAM早期对最低限度住宅的探索，而勒·柯布西耶形式语汇中最重要的贡献之一就是在单元集合体中所营造的惊人丰富性。

今天，单元体的标准化制造所带来的效率与品质保证仍然具有吸引力的，但随之而来的重复与乏味则是从现代主义以来就一直令人困扰的问题。在福州退台方院与万科临时售楼处等项目中，OPEN也试图解决这一问题。前者采用了OPEN所擅长的底层变异，以及顶部退台塑造体量的起伏。而后者则力图以一己之力解决全中国的售楼处问题，那就是用一种可以变化的预制与装配体系取代各式各样矫揉造作的售楼处建筑。他们在北京完成的一个范例说明这样的工业化建筑仍然可以精致和谦逊，在满足售楼处运作需求的同时提供多样化的室内场景。李虎认为，这一原型的推广能保证品质的均衡以及极大地节省资源，一种典型的启蒙观念，前提就如同休谟所认同的，每一个楼盘的需求与操作方式都是相似的。

偶然的潜能

经验主义（Empiricism）是启蒙思想的核心遗产，它强调观察与归纳，以现实资料为起点而不是单纯依赖抽象原则的演绎推导。这种思想已经成为当代自然科学研究的重要基石，而在建筑领域则是在现代主义之后才得到越来越多应得的承认。文丘里整个后现代建筑理论的基础就是一种观察而非原则，也就是当代体验的复杂性。而20世纪末期在抽象思辨上越走越远的批判建筑理论在21世纪初期也遭受现实主义的猛烈批评。库哈斯对摩天楼的同情以及对纽约的研究就是出于这样的现实主义立场，先不作价值判断，在充分观察现实的偶然性与奇特性之后才做归纳总结。

在红线公园与西岸油罐艺术中心等项目中，OPEN所尝试的也是将非常规的偶然性转化为具有贡献的公共设施。红线公园利用各种各样的废弃材料搭建城市小品，既可以取代城市围墙的封闭与乏味，又为人们富有童趣的使用活动提供机会。在上海，OPEN将一组大大小小的油罐改造成剧场、书店、美术馆。虽然并非没有先例，这种操作仍然显得新奇而有悖常规。就像在坪山演艺中心一样，OPEN当然不会放弃这样一个机会将丰富而开放的公共活动填充进去。它体现的是一种非精英化的参与的立场，同时也不再流离于装饰的符号之中，而是以更多样化的方式切入日常生活。

除了以上四点与启蒙遗产的关联以外，OPEN的作品另一个必须强调的特征是这四点往往相互并存、互为支持。或许北京四中与清华海洋中心是最为典型的，四项元素一应俱全。而其他项目虽然没有这么全面，但无一例外都涵盖公共领域这一最为核心的理念。有趣的是这也与事务所的名称OPEN相互印证，而开放本身也是启蒙所强调的价值之一。

建造者

必须承认，跨越200余年将启蒙与一家21世纪初建立起来的建筑事务所连接起来，看起来有些不合时宜。自现代主义以来，我们创造新的建筑时代与主义的步伐越来越快，建筑师们往往以潮流引导者为荣，康德、休谟、孟德斯鸠等名字更是远在天边，如何能与中国最具影响力的青年事务所的印象相匹配？更何况，将建筑与那些遥远而抽象，今天也少有人提及的思想理论相提并论难道不是牵强附会吗？

对于第一个问题的回答，我们可以再回顾一下斯卡帕的话，拜占庭与20世纪意大利的跨度将近600年，那么本文的200年也就不足为奇了。更何况我们还有路易斯·康（Louis Kahn）与凡·艾克（Aldo van Eyck）这样认为建筑的本质从来不曾改变的建筑师，时间的度量在这样的情况下变得无足轻重。

而对于第二个指责，本文的回答是：如果说是牵强附会，这也恰是故意为之。因为人们已经太轻易地低估了理念的力量。一种低估的方式是认为理念会随着时代的更替而新陈代谢，因此最新的也就是进化最完整的，没有必要沉迷于18、19或者是20世纪的陈旧往事之中。另一种低估的方式是认为理念与日常生活无关，油盐酱醋并不需要形而上学的辅佐，建筑设计也无需哲学与思想的装饰。本文的分析意在对这两种低估方式做出回应。对于前者，阿瑟·洛夫乔伊（Arthur Lovejoy）、以赛亚·柏林，汉斯·布鲁门伯格（Hans Blumenberg）等思想史学者不断强调，人类真正的思想革新是极为罕见的，我们不应该将时髦词汇的捏造等同于真正发生的、具有充分解释力的思想更替。很多时候，所谓的新思潮、新理论不过是将此前即已存在的内容重新包装而已。比如，在新西兰学者朱利安·杨（Julian Young）看来，那些从20世纪80年代开始广泛影响建筑界的法国哲学不过是将原创性的德国哲学重新表述并加以浮夸描述的结果。真正有穿透力的思想与理论绝不会被轻易淘汰，而启蒙毫无疑问属于人类最伟大的思想与理念革命之一。

而对于后一种低估，OPEN是一个很好的反例，他们还热衷于写宣言、热衷于定义自己、热衷于用理念梳理自己的实践。与近来中国建筑界对完成度的推崇相悖，李虎不断强调的则是勒·柯布西耶所提到的理念的精确性。意图的清晰与坚决，这足以解释OPEN作品有时在理念上近乎“简单粗暴”的特征。当然，这并不意味这OPEN的作品缺乏细部，对细部的执着或许是李虎在斯蒂文·霍尔那里学到的最重要的东西。但是这仅仅是手段，理念才是主导性的，在表面装饰不断蚕食市场的今天，这样的强悍已经日渐稀少。

实际上，OPEN与这些启蒙理念的相近性与他们的美国背景不尽相符。因为如科林·罗（Collin Rowe）所说，这是一个对社会革新不太感兴趣的建筑传统，因此形式独立的倾向在这里有更好的市场。当然，与李虎有着密切关系的斯蒂文·霍尔是美国传统的异类，他明确的欧洲现象学倾向赋予其建筑强烈的人文特征。尽管如此，这种现象学印记丝毫没有传递到李虎身上，他的英雄始终是勒·柯布西耶，一个兼具启蒙理念以及信心与豪情的欧洲建筑师。“建筑或者革命，革命可以被避免”这样的话语将勒·柯布西耶划入启蒙空想家的行列。对于经过了马克思主义启迪的我们来说这种想法过于幼稚，而对于像康德这样的18世纪知识分子来说，这种想法就像去构想一个实现世界永久和平的方案一样顺理成章。他们所共享的，是认同理性的分析与谋划可以分解问题之所在，进而通过合理的解决方案推动人类文明的不断进步。这种理性特征也存在于OPEN的实践当中，在他们的文字与建筑语汇中很难找到那些难以名状的概念与场景，一切都尽量清晰和明确，无意于神秘感的缠绵与隐晦。这或许同时是OPEN的优势与局限。清晰性可以转化为明白无误的建筑效果，李虎所要求的精确传达会导向一种能立刻被理解的明快与信赖。但同时，建筑师也放弃了对那些在言辞与理性限度之外的，不可言说的领域的摸索。而这一点也常常是人们批评启蒙理性的理由之一。

开放以后

刘东洋

九月，受《建筑师》杂志之托，曾对OPEN建筑事务所的主持建筑师李虎、黄文菁做了一次专访。访谈结束后，李虎又在他们的会议室里播放了一段他在台湾演讲时的演示文稿，以便向我展示自北京四中房山校区以来他们所有建成和未建成项目的共同动作——开放。

是的，“开放”是李虎自跟随斯蒂文·霍尔（Steven Holl）工作起就一直追求的建筑姿态。深圳的万科总部开放得犹如公园。周围的居民可以随便进来，在一公里长的环形步道上跑上几圈。那些架起的水平巨构综合体也把头顶开向天空，屋顶成了种植园，把立面开向阳光，玻璃幕墙和可调节百叶抹平了常规意义上窗洞与实墙的差别。连建筑内部的房间都是开放的，会议室、谈话间、咖啡座，都没有门，漂在过道上。

这一动作在晚近竣工的北京四中房山校区身上变得更加明显。它在北方的气候里，打开了教学楼的端廊，打开了平层上的主廊局部，打开了一直都处在关闭状态的消防楼梯。还有，它打开了屋顶、地面、侧墙，以及二层通高的景窗。

就此情结，我曾在专访中特别问过李虎：为什么要把建筑做得如此开放？李虎解释说：“在2011年的深圳双年展上，我们做了一个‘反建筑化’的东西。那一届的主题是‘街道’。在我们看来，‘建造’本身就是‘反自然的’。那有没有可能，通过建造的这一本质上反自然的过程去创造自然？当然，是再造自然。最早做万科总部时就有了类似的想法，尽量在建造后不影响自然，反而，多还回些人造的自然，因为建筑的屋面、地形的折叠，都创造了比原来基地更多的绿化面积和汇水条件。在四中房山校区这个项目里，我们潜移默化地仍在关注着这个问题。这里，我们更进了一步，关心的是师生们怎样跟景观和土地形成更为互动的关系。我们觉得，人的社交空间如果处在具有自然在场的环境里时会更放松些。怎样将课上、课外空间，与基地内能够被设计的景观结合起来，融合在一起，就成了我们当时的挑战。”

李虎顿了顿，看着我，继续说：“这种对自由的追求，总会走向开放的。”

李虎说这话时，我们就坐在北京当代MOMAT二号楼的屋顶花园上。秋季的北京天空已经没有了往昔如洗的蓝。在通往MOMA楼群的所有入口处都设了门岗，犹如本可以畅达的互联网上人为竖起的“墙”。

眼前的这些景象生动地体现着从万科总部到北京四中房山校区身上最为激烈的悖论。当建筑师和他们的建筑要向城市和自然开放时，我们的城市准备好了吗？北京在走向何方？我们的晴空哪里去了？雾还要霾多久？

李虎在谈及北京当代MOMA以及晚近广州的一个住宅项目时都会用到“孔洞性”（Porosity）一词。那个词，曾被本雅明（Walter Benjamin）用来去描述一个足够苍老的世界已经无法维系自身的单一秩序时，在其瓦解和崩溃的过程中，自下而上，由民间自主形成的生存空间状态。具体而言，本雅明他说的是那不勒斯老城里开始千疮百孔但却变得自由的巷子、楼道、洞口、路径，以及人与人的肉体以及社会关系。当新建筑，特别是巨构建筑，以千疮百孔的方式向中国的地景、天空、社会开放时，又会出现怎样的情况？在深圳万科总部，从室外到室内的流动，终还是断在了透明的门前；在MOMA，我们已经看到，普通人穿越那些孔洞时，他们的路权是要经受人工核查与筛选的；在北京四中房山校区，校内的开放迅速地实现了。但面向周围社区的开放呢？当它的运动场、游泳馆、讲演厅向周围的居民开放之后，会不会是向所有的普通居民开放？在每个周末，是不是周围的孩子都可以进入这个学校的操场上去踢一次球？还有，当它的屋顶真的变成菜地，学生们会不会因为忙于备考，不再有时间登顶？那里，反而成了园丁们劳作的农场？

不开放的建筑，愧对于城市对建筑的滋养。开放的建筑，面对日益恶化的生态环境以及社会危机，则经受着另一些考验。一些建筑师无法预知或者说无法应对的考验。

在如何开放建筑这件事上，李虎和黄文菁都显得胸有成竹。他们对如何活化街道立面，如何巧用城市废地，都有过自己的调研，并有着日臻成熟的策略。而在面对开放之后的挑战，两位建筑师则显得多少有些无奈和失措。

李虎一直对万科房地产开发公司不使用工业化可拆卸重复使用的售楼处一事深表不解。在这一点上，他表现得很像那个刺向风车的唐·吉诃德（Don Quixote）。多数人都知道，在如今的中国，房地产公司最不在意砸钱的项目就是售楼处。因为说白了，那就是一个三维的实体广告。推销的是本来就不接地气的生活方式。所有的售楼处设计，就成了同一目的的不同变种。可拆卸、重复使用的售楼处，除非它也成为一种广告，能推销万科的某个新型住区的概念，就很难被开发商所接受，尽管所有的人都知道，变来变去的售楼处真的很费钱。

而建筑终归还是有时间性的。这里的时间性，不是指建筑的"短命"，而是它的"长命"。轮转得再快，万科总部、当代MOMA、北京四中房山校区，都要在那里矗立几十年。建筑设计也就不能仅仅针对一时之流变或一时之阻碍去做反应。建筑，总需要为未来的挑战和机会开放。李虎和黄文菁们翘首以待的，也就是这类转机。

于我而言，我羡慕且尊敬那些仍然愿意挑风车的人，即便这其中的矛盾有时会焦灼得令人窒息。我也羡慕且尊敬那些有策略的人。转机不是给所有人的，它不会碰巧砸到所有人的头。当李虎和黄文菁们用建筑和空间筹划着开放策略时，他们想打捞的，也许正是万分之一可能的未来。

把这些多少有些无聊的话写下来，权且算是对挑风车人的一点鼓励。

上图：李虎与他的堂·吉诃德水杯

访谈

黄居正

黄居正：十几年前，国内建筑界呼吁要回归建筑本体，要关注建造、关注材料、关注结构。当然，这是对意识形态控制下那种虚假的形式主义所作的反抗和批判性反思。但是，如果建筑师仅仅关注这些问题，可能会带来另一种危险，就是建筑师沉浸在自己的小天地里，忽略了建筑的社会和伦理功能。这个问题在西方可能不太突出，可在中国不一样。建筑师在中国应该有一种自觉，担当起一个“知识分子”，或者说“士”的角色。

李虎：我想这一方面在今天的中国可能是所有危机里最严重的一个危机。在我们的工作里面，我们还是相当坚持独立，也比较幸运地遇到了一些开放性的甲方。例如我们参与到很多政府的公共项目的时候，会把建筑开放性、公民性的概念非常主动地加入到实践里面，甚至去改写任务书，改写一个建筑可能性的面貌。

黄居正：最近几年OPEN的作品在国内外很多杂志上都有发表，而且还荣登了好几个杂志的封面。但是，OPEN的项目，似乎不太上相，不属于特酷的那一类。不过，去过现场体验后，或者观察建成一段时间后的使用状态，我意识到，你们在做房子时，并不是简单的开始于一个优美的平面，终止于一张漂亮的照片，而好像把建筑看成是一个经历，而且它还受到生活偶然性的影响，是实实在在为人而建的。

李虎：我一度认为，建筑应该是消失的，建筑只是承载着人的活动和行为，它是创造空间的。所以这也就是为什么，可能照片看着不是很酷，可是进去以后体验会比较丰富，因为设计很多时候是从里到外做出来的。思考更多的是空间的可能性、空间和人的行为之间互动的可能性，所以人永远是建筑的主体。

黄居正：你刚才讲了设计是从内往外的，在我的体验里面，你们的建筑带入了时间性的因素，也就是说，已经考虑到使用者在他（们）人生的某一段时间内使用这个空间的时候，他（们）会延展出哪些使用空间的方法和行为。

李虎：我们非常在乎房子在建成之后它真正开始的生命历程，在北京四中建成之后，我们发现老师和学生们在慢慢地变化、越来越适应这个建筑，而且发挥得淋漓尽致。我们做建筑的时候经常会故意留出空白，建筑师不要把建筑设计完了，另外一半交给使用者来填空。

黄文菁：当真正的使用者进来之后，他觉得他有很多的可能性了，他不是被束缚，只能一个房间一个功能，他突然意识到有很多别的事情可以放进来。

黄居正：所以建筑最好的一种状态是在跟人在互动的过程中，成为一个生命体。

李虎：空间会积极地影响人的行为，这种积极实际上是引导一种自由的人格，同时它又包容人对它的改变。这样的建筑才更有生命力。我们不是把建筑看做一个封闭体，而是一个开放的城市体，这是比较特殊的一点，把建筑当做一个小城市或一个社区来思考，这样就带来另外一种公共性的可能性。

黄居正：我在OPEN的作品中，不仅读到了对公共空间的重视，而且也发现，无论在规模较大的，还是较小的项目中，都存在一些盒子或称单元的叠加、组合。当然在可拆卸临时售楼处1.0版和2.0版项目中体现得更加规范和明显，OPEN是否也在寻找一种可“批量定制”的原型，以应对现代性所带来的瞬间性、临时性？这样的原型是一种完全可机械复制的原型，或者只是某种一致性，就像大众民居或乡土产品中体现出的那种体面而适度的一致性？

李虎：这个问题真的是可以回溯到OPEN的起源。当时在美国看到几个问题：第一，建筑的需求量太大；第二，能被设计的建筑少而又少，刚好那个时候批量定制的概念刚刚出现，尤其是在产品设计里，我们受到影响，包括事务所的名字，OPEN Architecture也是计算机术语里开放源系统的概念；第三，同时我也在反思建筑师的工作状态，当时我们有一个概念就是如何让优秀的设计推广给大众，从那开始，原型、批量定制的思考就一直贯穿在我们的实践中。

黄文菁：还有一些对资源有效利用的考虑，为什么我们做可拆卸的临时售楼处，其实是对目前大量定制的、特意的售楼处现象的批判，它是一种很大的浪费。我们希望建筑本身的生命历程是可以循环的，用完了拆下来放在别的地方还可以接着用，可以根据新的需求再重新拼装成不同的平面，因为它是单元化的。所以实际也是我们对建筑可持续性思考的一部分。

李虎：您刚才提到了民居，批量定制听起来是个西方概念，其实在中国建筑的传统里边是一直都有的，从营造法式开始，已经有了几百上千年的传统。可拆卸可重新拼装，这是我们从传统里学到的东西。

黄居正：回到前面提出的建筑师的角色问题，创造更多的公共空间，创造更多的使用可能性，这是建筑师作为知识分子的一个角色，还有一个角色就是你能够为大众提供尽可能便宜的、多次反复利用的、应对这个时代的建筑产品。

李虎：这个想法真是起源于2002年我们做“新建筑住宅竞赛”时对住宅的想法，做那个竞赛的时候曾经写的一个宣言，就是在“终端用户和建筑之间，去中间商，直接从用户到建筑”，这是当时的宣言，骨子我会想去颠覆一些传统建筑师的角色。

黄居正：一方面是颠覆，一方面我倒觉得是继承。因为建筑师在很长的一段时间内忘掉了自己应该承担的角色，如果说现代主义有一个值得我们学习的地方，就是他们那种勇于承担的英雄主义情结。

黄文菁：没错。前段时间我们去纽约的MoMA看《拉丁美洲建造展》（Latin America in Construction），很强烈的感受是，他们非常彻底地继承了现代主义的传统，而且那个时代的背景和中国现在时代的需求蛮像的——经济腾飞，快速发展，大量建造。

李虎：所以他们是在一个英雄主义、理想主义的时代再造了自己的国家，我们却处在一个犬儒主义、消费主义和小清新浪漫主义的时代，产生的结果很不一样。最近OPEN开始一个新的研究项目，叫“后泡沫时代的城市主义”，对城市的再设计，这是我们希望要做的一个更大的项目。

黄居正：谈到这儿我就想起王尔德说过一句话特别精彩，他说，“没有乌托邦的地图是不值得看的。”所以你必须有理想，哪怕这个理想暂时实现不了。

关于未来

李虎

建筑师是一个相当可怕的职业，因为想回避未来几乎不大可能。一个建筑一旦落成，它的生命周期可以相当的长，多则几百年甚至更久，运气不好的平均也有几十年。无论多久，它都将持续到未来的某一时间点。

如果这个建筑可以为世人带来愉快的心情，智慧的启发，心灵的升华，友情的培养，那么这个建筑是有助于我们的未来的。否则，它可能是一场长期的灾难。

前几天晚上和一个拍电影的好朋友，聊起建筑和城市，他是一个很感性的艺术家。最近去过两个地方，阳朔和苍南，两个在历史上很美的地方，现在被搞到丑得不成样子，他见到那些景色，忍不住地哭。

我们现在就生活在这样一个时代，历史在被快速改写，未来在匆匆忙忙中，毫无准备和不知不觉中迅速被制造。

我们近几个朝代留下的城市历史从某种程度讲是一个相当自私的城市史。以我们经常引以为豪的京城为例，作为一个城市图形无比美丽，柯布西耶在他的《光辉城市》里也引用了明朝北京城的平面来谈论秩序。然而他没有到过中国，那一切的美丽快乐发生在高墙内，以家为中心的四合院，或者紫禁城内，皇家园林里。城市里却完全没有公众利益的概念，没有公共集会空间，没有公共城市设施，那是一个权贵和自私的城市，或者说，一个超大村庄。

这种城市状态到了今天仍然没有发生任何本质的变化。尺度大了，水平和垂直方向上都发生了巨变，但公众/包容/开放依然是被忽略。核心问题在于我们的文化里至今仍然缺少真正的对人性的关怀，对个体的尊重，对独立人格的培育和对自由的宽容。

我们急需一种更加包容的城市文化。City of generosity。

在这样城市里，人与人更加以诚相待，平等互敬，各司所职，却没有高低贵贱。公共空间极大丰富，以各种形式/尺度出现，或广场绿地/邻里中心，但它们都开放自由，允许高贵与平常/个体与集体的共生。

在这样的城市里，我们更加珍惜建造，把它视为一个神圣的事情去看待，才会去给予设计一个充分的时间去思考，给予建造过程一个充分的时间去实现那些耐人寻味的细节。

在这样的城市里，自然也得到极大的尊重，寻找一切可能机会去保护和再造自然，不再去轻易地为了保护城市而结扎河流，和为了扩张而赶走本来属于其他生物的环境，和破坏我们的乡村。懂得，只有乡村更加乡村，我们的城市才会更加城市，而不是我们目前的模棱两可的尴尬境界。

近日和一位曾经在日本留学多年的建筑学者聊天，谈到虽然日本的建筑风格近来风行世界，但他们的建筑却已经失去了几十年前他们的前辈在新陈代谢的那个时代，积极参与变革，参与城市未来的大胆设想的力量和勇气。当然也许他们今天面临的情景已经不同了，建设几乎饱和，相对健康的城市雏形已经形成，社会生活富足，建筑风格逐步转入“小清新”。追求完美和各种不同的小趣味，当然也有人称之为更加关注建筑的本体。虽然，什么是建筑的本体是一个可以不断争论的话题，它因人而异。

为什么谈邻国日本，因为在日本的建筑思想转变是目前发生在建筑界一种典型的现象，在几乎同步发展的欧美亦是如此，在中国也在潜移默化地迅速发展。我们的建筑本可以逐步发挥出来对社会对城市的巨大变革潜力，还没来得及酝酿和爆发即转入表皮、美学、精致等浅层但顺应市场潮流的追求，或转入乡村而规避来自参与城市与公共建筑所不得不面临的巨大挑战。

几天前著名的日本建筑师伊东丰雄在北京做了一场讲座，题目是《超越现代主义的建筑》。虽然我们已经终于脱离了谈主义的文化，但我还是想谈一下现代主义的问题。日本经历了几乎与西方同步的现代主义阶段，而我们至今还没有迎来现代主义精神。现代主义是一场精神的变革，不是被通常所歪曲理解的一种建筑风格。当我们无法理解其精神本质的时候，把它简化为一种简单的建筑设计风格是件更简单的事情。但在我看来这个错误，误导了我们太长时间。

大变革还没有机会的时候，我们也不必成为小清新，而可以动手开始小变革。从一个建筑开始，一个街区开始，开启一个包容、开放和自由的空间文化。挑战我们既有的观念，开启新的建筑类型。不再去简单复制某些引进的既有空间模式或者建筑类型，无论它曾来自何时何地，因为此时此地，我们需要的已经不同。

从很久之前，我们的文人就失去了试图变革的勇气，每日陶醉于步移景异的园林空间里，山水画也从竖轴的大山大水转入水平的叙事展开，文化的气质越来越失去曾经的力度，且不说独立的思想。

到了消费主义和权贵思想盛行的今天，情景不同，但同样，我们很容易被各种利益所消费掉，建筑脱离空间创造的本质而成为一种图像/物体的制作，空洞无物，参与了城市形象而不是城市空间和文化的塑造。唯美主义的设计哲学在图像经济和即时媒体越来越盛行的当下是一个很聪明的选择，因为它不需要挑战任何敏感的神经和保守的习俗，当然它也不会带来任何变革。事实上，这样的思想状态已经存在了很久很久。

寻找回建筑的力量，建筑本身可以带来的一些变革的力量，一种通过创新来带来变革的可能性，是可以影响未来的一种希望。

ABSTRA

TEAM
团队

OPEN 建筑事务所是一个国际化的建筑师和设计师的团队。我们与跨越不同领域的合作者一起实践城市设计、建筑设计、室内设计以及设计策略的创造。

OPEN 相信研究与合作是设计和创造的基础。近些年 OPEN 的研究工作密切关注发展中国家尤其是中国前所未有的城市发展速度所带来的环境与社会问题，这些研究工作帮助 OPEN 的实践直接立足于当下的社会经济条件中。在坚持理想和立场的同时，OPEN 的实践直面时代特定的问题和各种挑战，去创造能与自然和社会建立起新的良好关系的建筑和城市空间。OPEN 与各种不同领域的专家合作。在可持续性建筑实践方面，事务所积累了大量的经验，也和该领域中领先的工程师及机构建立了良好的合作。

OPEN 由李虎和黄文菁创立于纽约，2006 年建立北京工作室。目前已经落成和正在设计实施的主要项目包括：Studio-X 哥伦比亚大学北京建筑中心、歌华营地体验中心、灵活可拆装建筑体系、北京四中房山校区、福州网龙公司员工宿舍、清华大学海洋中心、深圳坪山演艺中心、上海西岸油罐艺术中心、武汉天城等。近期，OPEN 的作品获得 2012WA 中国建筑奖优胜奖、第三届中国建筑传媒奖最佳建筑奖、2013 亚太区室内设计大奖（APIDA）公共空间类金奖、2014RTFA 反思未来奖、2014 WA 中国建筑奖居住贡献优胜奖以及美国建筑师协会纽约分会 2015 设计优秀奖，并入围伦敦设计博物馆 2015 年度设计奖。

在专注于 OPEN 的实践之前，李虎曾是美国 Steven Holl Architects（斯蒂文 · 霍尔建筑事务所）的合伙人，他创建了该事务所的北京办公室，并领导了多个重要获奖项目的设计工作。从 2009 年至 2014 年，他也是 Studio-X 哥伦比亚大学北京建筑中心的负责人。黄文菁曾任美国 Pei Cobb Freed and Partners Architects（原贝聿铭建筑师事务所）资深设计师及理事。实践之外，她曾是香港大学建筑学院的客座助理教授，清华大学客座教师。

OPEN *verb.* 【*Thomas Batzenschlager*】

The amplitude and the generic aspect of the word "open", a universal notion, bring a high level of difficulty when someone tries to give it a precise sense and meaning, a definition. The more precise will be this definition, the more enclosed will be its meaning. And isn't it contradictory to enclose the definition of openness?

The difficulty becomes even higher when this word is applied to architecture, as architecture is the precise construction of measured spaces in a defined context. As a practice, Open Architecture takes the risk of putting together these two opposite worlds and merging them into a tool to create new and engaging architectural projects.

If a straightforward definition doesn't seem to be the best approach to explore the full sense of the word "open", it might be more interesting, especially from an architectural point of view, to look at its structure, the different schemes that it implies. This gigantic notion can be, for example, active or passive: being "open to" is quite different than "to open" something.

In the first situation, the subject is absolutely passive toward its environment: from being closed, it opens itself to a larger understanding of the situation, absorbing information without selection. When we open the mechanism of a vacuum cleaner, it will absorb any small object that it will find on its way, without consideration if these objects could damage its own mechanism. On the other side, the action of "opening" something is absolutely active and tends to transform a closed situation into a positive new environment. In summer, the action of opening a large window will transform a hot and stuffy room into a confortable space where the fresh air would run freely.

OPEN adj. 【陈诚】

理想，信仰，光芒，远方；
生活，快乐，自由，思想；
无限，开敞，包容，宽广；
乐观，现实，激情，开放；
融洽，活力，单纯，共享；
叛逆，异类，勇敢，担当；
耐心，细腻，责任，开创；
观察，研究，学习，修养；
粗砺，诚恳，朴素，力量；
空间，自然，阳光，流淌；
折腾，颠覆，复杂，多向；
坚持，开启，未来，想象；
平等，博爱，共同，成长。

OPEN *adj.* 【罗韧】

"OPEN"是一种用"批判"作为动力的思考方法。它像幽灵一般，在设计的过程中游荡于"理论"和"行动"之间。通过它，我们用"可能是什么"替代了"应该是什么"。在流动而莫测的环境之中，建筑师不能依赖于预设的图像来指导设计；他必将建筑从流水线末端的"成品"的身份中解放出来，给予建筑生命，使其超越预设的概念和功能，到达阿尔多·罗西（Aldo Rossi）所说的"纪念性"。建筑师必须忍痛远离"唯美"这一避风港，毫无保留地令自己暴露在现实的烈日之下；并在空间、运动与时间的帮助下，展开与世界的周旋。

OPEN *noun.* 【*Daijiro Nakayama*】

Generates special feelings to those who speak or hear or use this word, as bringing next world, vision, sights etc. Normally open sets you in state of genuinely exposed to what comes in front, literally widely open unconditionally. This itself does not mean good or bad, therefore how to be perceived relies on each one's mind state.

OPEN Architecture

Environment to open up any potentials of architecture and related fields. To be so, organization of working place and philosophy better be deeply generous, so that people are free from stress and pressure to be in state of creative mind.

OPEN *adj.* 【*Víctor Quirós Quirós*】

The way of doing in OPEN is based on parameters or tools that are flexible and sensitive enough to find the better answers to the different inputs that any architectural project has to foresee. All these factors enable to transform, conform or reorganize along with every project requirements such as the program, the scale or the schedule among others.

Listing this key process is an attempt of registration of the daily work that Li Hu and Wenjing thoroughly develop.

-Believe that achieving a conceptual solidity provides the project with the ability to succeed in the long term.
-Starting every project with no a priori, settling down the work base without stylistic prejudice.
-Working on multiple options in order to compare and find the most suitable for each situation.
-Looking for innovation in architecture. Trying to find new ideas or typologies based on the knowledge of the already made.
-To constantly rethink the project as a tool to dismiss the unnecessary by finding the guidelines that will lead to the core of the work.
-Trying to find simplicity on every subject, no matter the scale or the purpose.

An incomplete list including the above underlined concepts would only partially describe OPEN's approach towards architecture. Anyhow the purpose is incomplete because the everyday goal consists of reformulating the content, finding new meanings and giving the right answer to any new challenge arisen on a daily basis at OPEN Architecture work.

OPEN *noun.* 【叶青】

OPEN是一个让人摸索不透的地方。这里对未来有无限美好的遐想，但对现在与过去也有沉重严厉的批判。照理说它是一个关于建筑的地方，但是更多时候它想象里关注的却是那些生活中非物质的、短暂的瞬间。这里一个建筑的修建让人兴奋不已，但同时过程中也让人充满不安。这里最激烈的辩论能产生最紧密的关系与合作，最温柔、随和的人也能瞬间变成最激烈、坚决的。这里的人视工作如命，但世界上没有人比他们更热爱生活。

OPEN *adj.* 【周亭婷】

四年零九个月前，北京四中房山校区的建筑竞赛设计研究工作刚启动。此时我刚走出大学校门不久，对国内学校感到更多的是愤怒和不满。而在做设计研究的同时，除了学校建筑的物理属性，我花更多的时间去研究古今中外好的学校教育与为好的教育活动服务的建筑及环境是什么样的，现状的问题究竟出在哪里。结论是如果想要做出革新的学校建筑，必须建立在革新教育这件事上，改变学校里人和人的关系，改变学校里人和自然的关系。评图的时候，我已经做好了被严肃批评的心理准备，因为“大环境”在那里，事实在那里，学校教育也潜规则里告诉你，你不能改变环境，只能适应环境。相反，研究里的观点在办公室得到了极高的共鸣，做一个革命性的理想学校也成了目标，一步一步推进设计。后来这个理想学校，一点点辛苦地从理想变成了现实。我们也期待它去影响和改变更大的环境。这就是现实：我们处于一个变革之中的中国，它不那么完美，很多人在抱怨，一小撮人去改变。这就是OPEN：打破成规、做出改变、实现理想的一小撮人。

鸣谢

这本书的逐渐成形，经历了相当长时间的思索、讨论、煎熬和一次次不太成功的尝试。在繁杂的日常设计实践的工作中静下心来整理一本书，本来就不容易；再加上 OPEN 关注的问题和项目的尺度很宽广，如何梳理出清晰的头绪，确实很有挑战性。

必须感谢王明贤老师的丛书出版邀请，让我们不得不认真审视整理 OPEN 这些年来的工作。事务所内部一次次的讨论、无数的静夜思中，我们逐渐将那些时隐时现但贯穿 OPEN 设计活动的思考整理出来。在这个反思、过滤、总结的过程中，几位良师益友给予了很大的帮助：在和黄居正老师、刘东洋老师等的畅谈中，我们的思路逐渐清晰；感谢青锋老师的长文，从几个不同角度来解读和审视 OPEN 的工作；感谢刘东洋老师文章中对“挑风车者”的鼓励；2014 年 12 月，与史建老师在深圳畅谈了 3 个多小时，借助他的理性的洞察力，OPEN 工作的特质比较清楚地显现出来，这次对话的内容成为这本书开头的一篇重要文字；2014 年底在台北，有幸跟阮庆岳老师探讨到深夜，他既是教育者、建筑师，又是小说家，有着敏锐的洞悉力，阮老师对我们工作的理解在某些程度上超越了我们自己的概括能力。感谢阮老师抽出宝贵的时间为我们的书写了序言，和他对我们工作的意义的认同与鼓励。

当然，最需要感谢的是 OPEN 这个集体中的每一位为建筑事业而执着努力的人，坚信我们的工作能够给这个世界带来一些积极的改变。任何想法的落地实施背后都是痛苦着并快乐着的办公室与工地上团队成员们辛辛苦苦的日日夜夜，OPEN 这群有理想有热情有爱心的年轻人让我们看到未来的希望。另外，每一个给予 OPEN 建造机会的业主，他们对我们的容忍与支持都是我们非常感激的。没有好的业主，是不可能有好的建成作品的。

这本书的编辑和统筹，离不开事务所里陈诚、马千程、叶青、罗韧等同事的努力，以及我们远在南半球的外围球员 Thomas Batzenschlager 的贡献。南、北半球乒乓式的往复工作，在最后的冲刺里充分显示出了效率。

特别感谢一下沈三陵老师，我们在清华的恩师，在我们离开清华后的这将近 20 年里，她也在一直关心着我们的工作和生活。最后，我们自己的父母，虽然不特别清楚我们在做什么，却是永远最无私地支持我们的人，对你们有无尽的感激！

李虎 + 黄文菁

2015 年 1 月 1 日

摄影：

哥伦比亚大学北京建筑中心：舒赫；歌华营地体验中心：夏至、苏圣亮

退台方院：金波安，陈诚；北京四中房山校区：夏至、苏圣亮；六边体系：张超

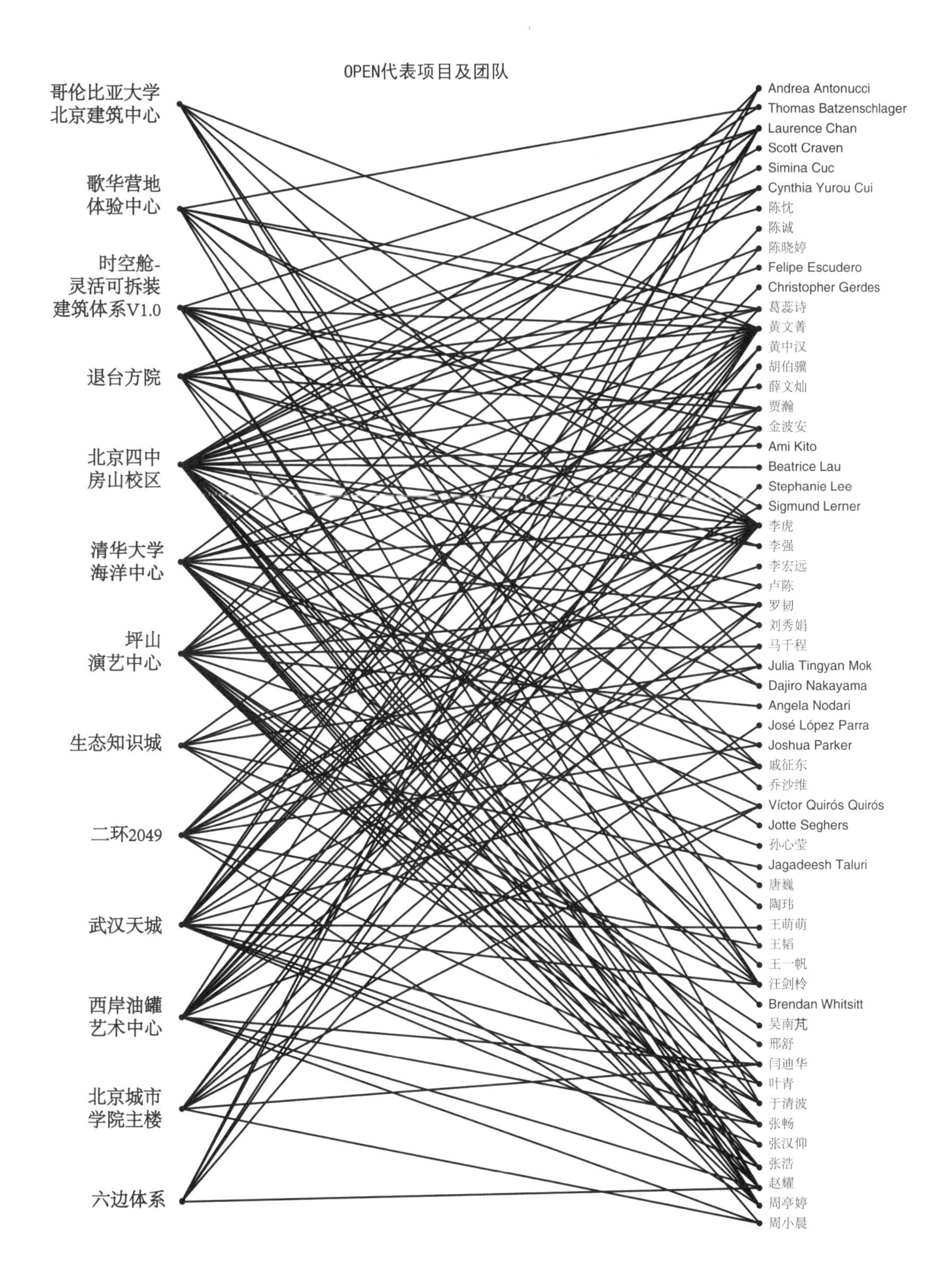
OPEN代表项目及团队
哥伦比亚大学北京建筑中心
歌华营地体验中心
时空舱-灵活可拆装建筑体系V1.0
退台方院
北京四中房山校区
清华大学海洋中心
坪山演艺中心
生态知识城
二环2049
武汉天城
西岸油罐艺术中心
北京城市学院主楼
六边体系
Andrea Antonucci
Thomas Batzenschlager
Laurence Chan
Scott Craven
Simina Cuc
Cynthia Yurou Cui
陈忱
陈诚
陈晓婷
Felipe Escudero
Christopher Gerdes
葛蕊诗
黄文菁
黄中汉
胡伯骥
薛文灿
贾瀚
金波安
Ami Kito
Beatrice Lau
Stephanie Lee
Sigmund Lerner
李虎
李强
李宏远
卢陈
罗韧
刘秀娟
马千程
Julia Tingyan Mok
Dajiro Nakayama
Angela Nodari
José López Parra
Joshua Parker
戚征东
乔沙维
Víctor Quirós Quirós
Jotte Seghers
孙心莹
Jagadeesh Taluri
唐巍
陶玮
王萌萌
王韬
王一帆
汪剑柃
Brendan Whitsitt
吴南芃
邢舒
闫迪华
叶青
于清波
张畅
张汉仰
张浩
赵耀
周亭婷
周小晨

红线公园

2007/2009，北京/深圳
城市研究，由Graham基金会支持，
2009年深圳香港城市 建筑双年展

二环 2049

2009，北京
功能：交通枢纽，公共公园，图书馆，博物馆，
社区活动中心

哥伦比亚大学建筑学院北京建筑中心

2009，北京，规模：388 m^2
功能：画廊，演讲空间，工作室，办公室

网龙总部

2009，福建，规模：221,462 m^2
功能：办公，健身，娱乐，餐厅

生态知识城

2008，印度，规模：280,000 m^2
功能：商业，学校，餐饮，医疗，服务

树屋

2009，福建，规模：100-200 m^2
功能：个体家庭住宅

蜂巢宿舍

2009，福建，规模：55,000 m^2
功能：网龙职工宿舍，零售及服务功能

鄂尔多斯穹顶

2009，鄂尔多斯，规模：10,000 m^2
功能：混合功能

拉各斯滨海度假酒店

2010，尼日利亚拉各斯，规模：50,000 m²
功能：度假酒店，会议中心，购物中心，VIP休闲中心，俱乐部，餐厅

四合一宅

2010，新德里，印度，规模：1,600 m²
功能：主人和子女的住宅及办公室，两套出租的住宅和一个6个单元的公寓

包头展示中心

2010，包头，规模：38,203 m²
功能：展示，办公，酒吧，剧场

公·园系列

2011-2012，深圳
2011年深圳·香港城市 建筑双城双年展

融科天城

2011，武汉，规模：88,000 m²
功能：办公，商业，酒店

大地空间

2011，安徽，规模：79,500 m²
功能：大型平流层飞艇停机坪，科研设施

网龙公社

2011，福州，规模：100,000 m²
功能：宿舍公寓，服务设施

流动快乐站

2012，北京
2012年开放状态展览，大声展

退台方院

2012，福州，规模：38,203 m²
功能：员工宿舍及附属商业设施

首师大附中百望山校区

2012，北京，规模：33,160 m²
功能：完全中学

歌华营地体验中心

2012，秦皇岛，规模：2,700 m²
功能：剧场，画廊，多媒体厅，大师工作室，DIY空间，咖啡厅等

歌华营地体验中心二期

2012，秦皇岛，规模：5,882 m²
功能：媒体中心，多功能运动空间，多功能厅，工作室，舞蹈教室等

海洋中心

2012，深圳，规模：21,750 m²
功能：实验室，特殊水池，办公室，教室，交流空间，餐厅

能源中心

2012，深圳，规模：62,000 m²
功能：实验室，教室，办公室

北京中学

2013，北京，规模：139,733 m²
功能：一所义务教育初中，一所国际学校和一所完全中学及其共享公共设施

山间剧场

2013，尼昂-瑞士，规模：6,500 m²
功能：多功能剧场，艺术家住宅，公寓，办公

时空舱 - 灵活可拆装建筑体系 V1.0

2013，北京，规模：1,115 m²
功能：品牌推广区，接待区，展示空间，洽谈区，水吧，办公区

西岸油罐艺术公园

2013，上海，规模：47,000 m²
功能：商业，剧场，餐厅，公园，画廊

深圳坪山演艺中心

2014，深圳，规模：11,000 m²
功能：办公，商业，剧场

园中之园

2014，威尼斯，
2014年威尼斯国际建筑双年展 中国馆

田园学校 / 北京四中房山校区

2010-2014，北京，规模：57,000 m²
功能：共有36个初中及高中班级的中学。
包括教室，礼堂，体育馆，食堂宿舍及运动设施

六边体系

2014，广州，规模：680 m²
功能：展示，办公

城市立方

2014，广州，规模：43,000 m²
功能：LOFT空间和配套商业及停车

北京城市学院新校区主楼

2014，北京，规模：57,000m²
功能：图书馆，艺术中心，行政中心，信息中心，会议中心

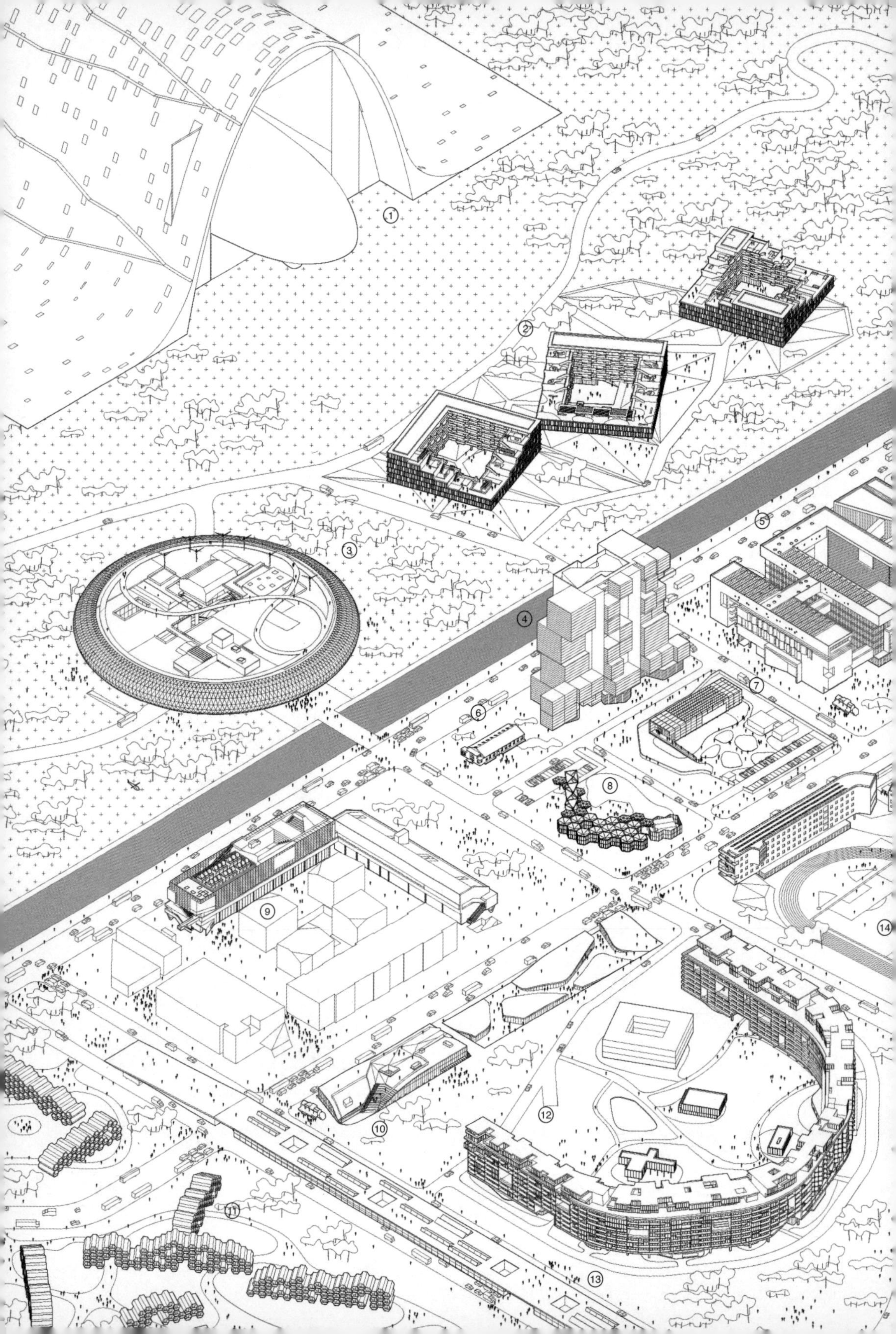
1
2
3
4
5
6
7
8
9
10
11
12
13
14

OPEN CITY
开放城市
大地空间 1
退台方院 2
网龙总部 3
城市立方 4
北京城市学院主楼 5
哥大北京建筑中心 6
灵活可拆装建筑体系 V1.0 7
六边体系 8
三里屯百老汇影院 9
包头售楼处 10
蜂巢宿舍 11
网龙公社 12
二环 2049 13
北京四中房山校区 14
拉各斯滨海度假酒店 15
上海西岸油罐演艺中心 16
山间剧场 17
清华大学海洋中心 18
武汉天城 19
流动快乐站 20
园中之园 21
深圳坪山演艺中心 22
清华大学能源中心 23
停车楼 24
树屋 25
营地二期（方案） 26
歌华营地体验中心 27

图书在版编目（CIP）数据

应力 / 李虎，黄文菁著. -- 北京 ：中国建筑工业出版社，2015.5
（王明贤主编建筑界丛书 第2辑）
ISBN 978-7-112-18064-6

Ⅰ. ①应… Ⅱ. ①李… ②黄… Ⅲ. ①建筑设计－作品集－中国－现代 Ⅳ. ①TU206

中国版本图书馆CIP数据核字(2015)第084352号

责任编辑：徐明怡　徐　纺
装帧设计：陈　诚　Thomas Batzenschlager
美术编辑：孙苾云

王明贤主编建筑界丛书第二辑
应力

李虎　黄文菁

*

中国建筑工业出版社出版、发行（北京海淀三里河路9号）
各地新华书店、建筑书店经销
北京利丰雅高长城印刷有限公司 制版、印刷

*

开本：787×1092毫米　1/16　印张：15½　字数：378千字
2015年9月第一版　2017年1月第二次印刷
定价：128.00元
ISBN 978-7-112-18064-6
（27307）